7414

FLORE

DES

SERRES ET JARDINS DE L'EUROPE,

OU

DESCRIPTIONS ET FIGURES DES PLANTES LES PLUS RARES ET LES PLUS MÉRITANTES

NOUVELLEMENT INTRODUITES SUR LE CONTINENT OU EN ANGLETERRE,

ET EXTRAITES NOTAMMENT

DES BOTANICAL MAGAZINE, BOTANICAL REGISTER, PAXTON'S MAGAZINE OF BOTANY, ETC , ETC.;

ÉDITION FRANÇAISE

ENRICHIE DE

Notices historiques, scientifiques, étymologiques, synonymiques, horticulturales, etc.,

Et rédigé par MM.

CH. LEMAIRE, SCHEIDWEILLER

ET

VAN HOUTTE.

Hic ver æternum!

Arboribus sua forma redit, sua gratia campis,
Ornatuque solum versicolore nitet.
SALT.

TOME I. — 1re LIVRAISON.

LIBRAIRIE HORTICOLE DE H. COUSIN,
RUE JACOB, **21**, A PARIS.

1845

PLANTES FIGURÉES DANS CETTE LIVRAISON

AVEC L'INDICATION DES

HORTICULTEURS PARISIENS QUI LES POSSÈDENT

ET CHEZ LESQUELS ON PEUT SE LES PROCURER.

Napoleona imperialis. Palisot de Bv.

NAPOLÉONE IMPÉRIALE.
NAPOLEONA IMPERIALIS.

ETYM. Genre dédié par Palissot de Beauvois à Napoléon, Empereur des Français.

Napoléonacées ? (*Ébénacées ?*) Pentandrie–Monogynie.

CARACTÈRES GÉNÉRIQUES.

Napoleona A. JUS. *Ann. Sc. nat.*, 3ᵉ série , oct. 1844. Non PALISS. — *Calyx* adhærens persistens 5-fidus, laciniis apice biglandulosis. *Corolla* triplex : exterior (genuina) 5-loba, lobis cum calyce alternantibus; interiores (stamina sterilia) media e laciniis ciliiformibus , distinctis , intima crateriformis ambitu tantum lacera. *Filamenta* lata in tubum coalita perigynum, apice 5-lobum, lobis biantheriferis, antheris 1-locularibus. *Stylus* brevis 5-angulatus. *Stigma* latum peltatum 5-gonum. *Ovarium* inferum disco coronatum 10-lobo, 5-loculare, loculis 4 ovulatis, ovulis ex interno angulo pendulis. *Fructus* carnosus polyspermus, dissepimentis in pulpa vix manifestis. *Semina* angulata perispermo destituta , integumento membranaceo. *Radicula* brevi inter cotyledones crassas carnosas retracta hilum spectante. — Arbores foliis *distichis;* floribus *axillaribus solitariis;* bracteis *squamæformibus biglandulosis in pedunculo brevissimo bifariam imbricatis.* A. J. l. c.
Napoleona PALISSOT , *Flor. Owar.* II. 29, t. 78. Belvisia DESVAUX, *Journ. Bot.*, IV, 130. R. BROWN in *Linn. Transact.*, XIII, 222.

CARACTÈRES SPÉCIFIQUES.

Napoleona imperialis PAL. BEAUV. — *Frutex,* folia alterna ovato-oblonga longe mucronata integra interdum versus apicem irregulariter bi seu tridentata petiolata. *Petiolus* brevis crassus. *Flores* conferti. *Ramuli* axillares cæruleo-purpurei. ID. l. c.

SYNONYMIE.

Belvisia cærulea. DESVAUX, l. c.

Long-temps l'envie et la mauvaise foi ont accusé Palissot de Beauvois d'avoir *inventé* une plante pour en faire un hommage intéressé au grand homme qui , pendant quinze années, tint dans ses puissantes mains le gouvernement de l'Europe. L'auteur détruisit victorieusement et radicalement la calomnie en montrant à plusieurs botanistes éminents de l'époque , entre autres à l'illustre Laurent de Jussieu , l'échantillon naturel qu'il avait lui-même recueilli aux environs de la ville d'Oware , à 2165 mètres d'élévation au dessus de la mer.

Selon l'auteur, c'est un arbrisseau d'une grande élégance , s'élevant à 2 ou 3 mètres de hauteur. Ses rameaux sont glabres , alternes; ses feuilles, brièvement pétiolées , sont alternes, ovales-oblongues, entières, ou quelquefois bi-tridentées vers le sommet. Ses fleurs, grandes , sessiles , latérales ou axillaires, d'un beau bleu à reflet violet, sont rapprochées par bouquets (la figure donnée par Palissot n'est pas entièrement d'accord avec cette description). Son fruit est une baie molle, sphérique , couronnée par le calice persistant.

Nous ne disons rien de la fleur, ni de ses organes; sous ce rapport, les caractères génériques cités plus haut suppléent amplement à notre silence.

Toutefois , à l'occasion du retentissement dans le monde horticole dont est cause l importation toute récente d'une nouvelle *Napoleona* en Europe, après bien des dangers personnels, par M. Whitfield , collecteur du duc de Derby, nous sommes heureux de mentionner les faits authentiques suivants :

M. Ad. de Jussieu , professeur de botanique au Muséum d'histoire naturelle de Paris, botaniste qui soutient si dignement le nom qu'il tient de ses illustres pères , ayant eu dernièrement l'occasion d'examiner une plante rapportée des mêmes lieux (Oware) par le brave et malheureux Heu-

1

delot (1), s'assura par une analyse consciencieuse qu'elle appartenait bien au genre *Napoleona*. En même temps les différences que lui présentait sa plante avec celle de Beauvois le portèrent à examiner de nouveau cette dernière avec soin. Il eut le bonheur d'en trouver encore une fleur dans le riche herbier de M. Delessert; et son analyse, en même temps qu'elle confirmait ses prévisions, lui fit aisément découvrir quelques erreurs ou omissions assez graves échappées à son prédécesseur; omissions qui l'obligèrent à refaire la caractéristique du genre telle que nous la donnons ci-dessus, et lui démontrèrent que la plante d'Heudelot constituait une seconde et fort intéressante espèce de ce curieux genre.

Ainsi Palissot, selon ce savant botaniste, a passé sous silence le rang de lanières qui se trouvent entre les deux enveloppes corollaires, égalant presque celles du rang intérieur et leur ressemblant beaucoup. Les anthères, au nombre de dix, seraient nettement uniloculaires; et, à ce sujet, l'erreur de l'auteur provient de ce qu'il a pris pour ligne de démarcation de ses deux loges anthérales celle qui indique la déhiscence d'une loge unique. Il est singulier que, avec cette idée, il n'ait admis que cinq étamines, composées chacune de deux anthères biloculaires. L'ovaire enfin a cinq loges distinctes quadrivalves. La pulpe du fruit est bonne à manger.

La seconde espèce, découverte par Heudelot, atteint 8 à 10 mètres de hauteur; c'est un arbre croissant sur des roches ferrugineuses, aux bords des eaux vives (ainsi que l'autre). Le tronc en est droit, les rameaux verticillés et horizontaux. Les fleurs sont pourpres. Le fruit qui leur succède est gros comme une Pomme d'Api, à péricarpe de 3 ou 4 millimètres d'épaisseur, parsemé à la surface de petites taches blanches. Nos lecteurs peuvent en consulter ci-contre la figure et l'analyse (2).

Malheureusement les individus de cette plante envoyés au Muséum de Paris sont arrivés morts, atteints par la gelée. Leur introduction est bien désirable pour nos cultures.

Une autre *Napoleona*, introduite vivante en Angleterre, a des fleurs, dit M. Lindley, à la fois de couleur d'abricot et cramoisies. La description et l'analyse qu'il en donne se rapportent beaucoup, à l'exception du nombre d'étamines et de loges anthérales, à celles que vient de publier M. de Jussieu au sujet de la plante d'Heudelot (3).

Il semble donc résulter du rapprochement et de l'examen des travaux de Palissot de Beauvois, de MM. de Jussieu et de Lindley, qu'on connaît aujourd'hui trois espèces bien distinctes de *Napoleona*.

Napoleona imperialis P. B. flore cæruleo.
— *Heudelotii* A. Juss. flore purpureo.
— *Wilfieldii* Nob. (N. imperialis Lindl.) flore aurantiaco.

En effet, la diagnostique différentielle de chacune de ces plantes, telle que la donnent les auteurs au sujet des tiges, des feuilles, de la disposition des fleurs, etc., autorise suffisamment cette séparation.

Ainsi, à la description des feuilles des deux premières espèces, description que nous avons citée, nous joindrons celle de la dernière. Selon M. Lindley, ces feuilles sont alternes, coriaces, obovées-lancéolées, atténuées-obtuses au sommet, rétrécies à la base en un pétiole court, épais, canaliculé, dépourvu de stipules. Le bois (l'écorce) de l'arbre est blanchâtre, lisse.

_____

(1) On sait qu'Heudelot, après plusieurs années de voyages dans l'intérieur de l'Afrique, pour servir la cause de l'histoire naturelle, succomba enfin sous les influences fatales d'un climat si funeste aux Européens.

(2) *Planche noire* N° 1.

(3) Nous joignons pour l'intelligence du texte les analyses publiées par M. de Jussieu (*l. c.*) et M. Lindley (*Misc. Bot. Reg.*, déc. 1844). Dans celle de ce dernier on remarquera dans l'une des figures (fig. 3) 20 étamines, nettement biloculaires (fig. 8) ; d'où l'on doit conclure que, s'il n'y a pas erreur dans l'une ou dans l'autre de ces deux analyses, non seulement les trois plantes dont il est question seraient distinctes, mais encore qu'elles seraient les types de sous-genres sinon de genres séparés.

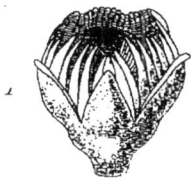

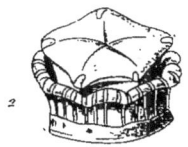

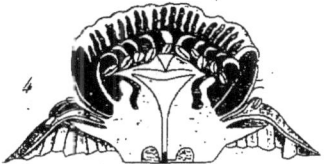

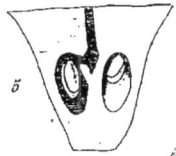

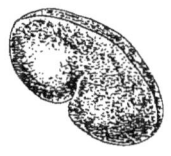

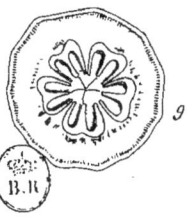

1

2

3

4

5

6

7

8

9

Dumènil, sc.

L. Rémond, imp.

Napoleona Whitfieldii. Nob.

Dumont. sc.

H. Robinson, imp.

Napoleona Heudelotii, A. Juss.

Les fleurs naissent par trois et sont sessiles dans l'aisselle des feuilles. Leur base est environnée d'écailles imbriquées, comme cela a lieu dans les Camellias. Dans ces fleurs, le premier rang de ligules, selon le voyageur, est de couleur abricot (1); le troisième cramoisi, et toute la fleur, en vieillissant, prend une teinte bleuâtre; ce qui, dit M. Lindley, aurait fait penser à Palissot que la fleur était bleue; mais, à cet égard, l'auteur oublie que Palissot avait vu et recueilli lui-même sa plante, que de sa part une erreur semblable n'était pas possible, et puis lui, qui n'attribuait que cinq étamines à sa plante, n'aurait-il donc pas vu les vingt que donne M. Lindley à la sienne? Cela n'est pas présumable.

Quoi qu'il en soit, comme nous exposons, dans la dissertation de M. Lindley qui suit, le diagnose générique de la *Napoleona* telle qu'il l'a refaite, nos lecteurs pourront la mettre en opposition avec celle de M. A. de Jussieu, et pourront se faire ainsi une saine opinion dans ce conflit scientifique.

S'il pouvait encore subsister quelques doutes au sujet de la distinction des trois espèces, telle que nous cherchons à l'établir de la comparaison de ces divers travaux, la diagnose de M. Lindley les lèverait infailliblement. Ainsi encore, selon M. Whitfield, le fruit de sa plante est gros comme une grenade, et n'est point comestible; dans celle d'Heudelot, le fruit est mangeable et de la grosseur d'une Pomme d'Api, etc.

Au reste, le temps, en procurant à ce sujet des documents plus certains, tranchera nécessairement la difficulté; en attendant, nous dirons avec le poëte:

Adhuc sub judice lis est!

Ajoutons qu'on doit attendre beaucoup du voyageur récemment envoyé dans la patrie de ces plantes, au sujet desquelles on est loin encore, selon toutes les apparences, d'avoir le *dernier mot!*

Cʜ. L.

EXPLICATION DES FIGURES.

Napoleona imperialis Paliss.
Fig. 1. Calyce et Pistil.
— 2. Le Pistil vu en dessus pour faire voir la forme du stigmate.
— 3. Corolle extérieure.
— 4. Etamines.
— 5. Une étamine détachée.
— 6. Ovaire coupé transversalement.
— 7. Une graine mutilée et rongée par les insectes.

Napoleona Heudelotii A. Juss.
Fig. 1. Port de la plante.
— 2. Anagramme de la fleur.
— 3. Section verticale d'icelle.
— 4. Sect. vert. de l'ovaire et du disque.
— 5. Section verticale du fruit.
— 6. Une graine entière.
— 7. Section d'icelle.

Napoleona Whitfieldii Nob.
Fig. 1. Un bouton s'entr'ouvrant,
— 2. Le disque en coupe et le stigmate.
— 3. Une fleur ouverte, de grandeur naturelle.
— 4. Section verticale d'icelle.
— 5. Sect. vert. de l'ovaire.
— 6. Un ovule.
— 7. Une graine mûre.
— 8. Une étamine.
— 9. Section horizontale de l'ovaire.

(1) Le second est très petit, mince et réduit à l'état de membrane.

GROSEILLIER DE PAXTON.

RIBES ALBIDUM (Groseillier à fleurs blanches).

ÉTYMOL. Le mot *Ribes* avait été appliqué par les anciens médecins arabes à une plante acide (*Rheum Ribes?*) que l'on a crue à tort être notre Groseillier, à qui toutefois ce nom est resté.

Type de la famille des Ribésiacées. — Pentandrie-Monogynie.

CARACTÈRES GÉNÉRIQUES.

Ribes L. GEN. 281. — *Calycis* tubo cum ovario connato ; *limbo* supero colorato pelviformi-campanulato v. tubuloso quinquefido v. rarissime quadrifido æquali. *Corollæ* petala 5 v. 4, calycis fauci inserta, parva squamæformia. *Stamina* cum petalis inserta, iisdem numero æqualia et alterna inclusa. *Ovarium* inferum, uniloculare, placentis duabus parietalibus nerviformibus opposita. *Ovula* plurima pluriseriata, in funiculis brevibus adnato-reclinata. *Styli* 2, distincti v. plus minus connati. *Stigmata* simplicia. *Bacca* calyce emarcido coronata, unilocularis polysperma v. abortu oligosperma. *Semina* angulata, testa gelatinosa, in rhaphe maturitate libera reclinata, integumento interiore crustaceo, albumini adnato. *Embryo* in basi albuminis subcornei orthotropus minimus ; *radicula* centrifuga. — Frutices *inermes* v. *spinosi* ; foliis *sparsis, digitato-lobatis* v. *incisis* ; petiolo *basi dilatato semi-amplexicauli* ; pedunculis *axillaribus* v. *e gemmis erumpentibus* 1-3-*floris* v. *racemoso-multifloris* ; pedicelis *basi unibracteatis, medio* v. *apice bibracteolatis* ; floribus *virescentibus albidis flavis* v. *rubris rarissime abortu dioicis.*

a. Grossularia DC. *Prodr.* III, 477 et alii. — *Calyx* plus minus campanulatus. — Caules *ut plurimum aculeati* ; pedunculi 1-3-*flori.* Folia *vernatione plicata.*

b. Ribesia DC. *l. c.* — *Calyx* campanulatus v. cylindricus. — Caules *inermes* ; pedunculi *ut plurimum multiflori.* Folia *vernatione plicata.* Ribes et Botryocarpum A. RICH. *Bot. Med.* II, 487. Calobotrya, Cereosma, et Ribes SPACH. *Ann. Soc. Nat.,* II, 21-34. nouv. sér. Cerophyllum (et ut supra) SPACH. *Suites à Buff.,* VI, 151-172, etc.

c. Siphocalyx DC. *l. c.* — *Calyx* longe tubulosus, citrinus. — Flores *racemosi.* Folia *vernatione convoluta.* Symphocalyx BERLAND, *Mém. Soc. h. n. Kew,* III, 43. Chrysobotrya SPACH. *ls. cs. Bot. Reg.,* 125-1286.

ENDLICH. *Gen. pl.* 4682.

CARACTÈRES SPÉCIFIQUES.

An mera varietas aut hybrida ? an species propria ? e grano in horto adonistæ enata, origine ignota !

CH. L.

SYNONYMIE.

Ribes albidum ; PAXTON's *Mag. of Bot.* t. 56, 1843.
Ribes Paxtonis ? LEM.

La splendide plante dont nous empruntons ci-contre une belle figure à M. PAXTON est née en Écosse chez un amateur, l'amiral sir David Milne, à Inveresk, près de Musselburgh, de graines dont on ignore malheureusement l'origine. Elle est très voisine du *Ribes sanguineum,* dont elle provient peut-être, par la disposition racémeuse et la forme de ses fleurs, et paraît encore devoir être plus florifère que cette espèce. Entre autres différences qui peuvent les faire distinguer l'une de l'autre, nous citerons, outre la couleur nettement tranchée des fleurs, d'un blanc pur chez celle dont il est ici question, d'un rouge vif chez celle-là, la forme du tube et des lobes limbaires. Dans le *Ribes sanguineum* le tube calycinal est infundibuliforme et distinct ; les lobes oblongs, allongés ; les squames corolléennes saillantes, dressées ; dans la nouvelle plante (si nous nous en rapportons à la figure citée, car nous ne connaissons pas la fleur) ce même tube périanthien est très court et subcampanulé ; les lobes du limbe, courts, ovés-obtus,

N. Rémond imp.   Dumont sc.

Ribes albidum Hortul.

étalés en étoile ; les squames de la corolle très courtes et d'un beau rose vif ; les organes génitaux inclus (exserts chez l'autre). Le feuillage paraît également différer chez les deux plantes comparées ; et certes ces dissemblances, si elles existent réellement, suffiraient, selon nous, pour élever celle dont il s'agit au rang d'espèce.

Quoi qu'il en soit, c'est une magnifique acquisition pour l'ornement de nos parterres dès les premiers jours du printemps ; groupée en touffes avec le *Ribes sanguineum*, elle luttera d'éclat par ses fleurs d'un blanc de neige et à *œil* rose avec les fleurs d'un rouge vif de celui-ci, et ce contraste fera le plus charmant effet.

On cultive en Europe, tant dans les jardins botaniques que dans ceux des amateurs plus de 50 espèces de *Ribes*, sans en compter les nombreuses variétés.

Ch. L.

A l'exception du *Ribes speciosum*, qui est sensible aux grands froids, toutes les espèces connues de ce genre forment des arbrisseaux rustiques, bravant nos hivers les plus rudes. Ils s'accommodent de tout sol et de toute exposition, se multiplient d'éclats ou de boutures faites en février. Mais, en se contentant de toute espèce de terrain, les *Ribes*, comme les plantes qui croissent vigoureusement, usent assez promptement la terre et par cette raison s'arrangent parfaitement d'un peu d'engrais.

Tous les trois ans on enlève la majeure partie du vieux bois pour rendre à ces plantes leur vigueur première.

L. VH.

ÉPACRIDE D'AUTOMNE.

EPACRIS AUTUMNALIS (var.).

Éтуᴍ. Altération d'ἐπάκριος, qui habite le sommet des montagnes : allusion à l'habitat
des plantes de ce genre.

Type de la famille des Épacridacées et de la tribu des Épacridées. — Pentandrie-Monogynie.

CARACTÈRES GÉNÉRIQUES.

Epacris Sмɪтн. — *Calyx* quinquepartitus coloratus multibracteolatus, bracteolis textura calycis. *Corolla* hypogyna tubulosa, limbo quinquepartite patente imberbi. *Stamina* 5, corollæ tubo inserta, inclusa v. rarius exserta; *filamenta* filiformia ; *antheræ* supra medium peltatæ. *Squamulæ* hypogynæ 5. *Ovarium* quinqueloculare, loculis multiovulatis. *Stylus* simplex ; *stigma* obtusum. *Capsula* quinquelocularis, placentis columnæ centrali adnatis. *Semina* plurima. — Fruticuli *in Nova-Hollandia obvii, in Nova-Zelandia rari, sæpius glabri* ; foliis *sparsis petiolatis v. basi simplici sessilibus* ; floribus *axillaribus, sæpius spicam foliatam formantibus, albis v. purpurascentibus.*

Epacris Sмɪтн. *Exot. Bot.* 77, t. 39-40. Cavanill. *ic.* t. 344-345. Labillard. *Nov.-Holland.* t. 55-58. R. Brown, *Prodr.* 55 ; *Bot. Mag.* t. 844, 982, 1170, 3168, 3243, 3259, 3264, 3407, 3658. *Bot. Reg.* t. 1531. Sweet, *Flor. Austr.* t. 4. A. Richard, *Flor. Nov.-Zeland.* t. 2.

Endlich. *Gen. pl.* 4284.

CARACTÈRES SPÉCIFIQUES.

Varietas hybrida ex impregnatione artificiali orta ? Сн. L.
Epacris autumnale ! in Paxton's *Mag. of Bot.* 1844, 195.

Les Épacrides rivalisent avec les Bruyères (*Erica*) pour orner à l'envi nos serres froides de leurs nombreuses et gracieuses fleurs, quand toute la nature est encore autour de nous couverte de frimas. Chacun sait, en effet, que c'est pendant notre sombre et long hiver que ces plantes revêtent pour la plupart leur splendide parure florale, sous le poids de laquelle s'inclinent leurs sveltes et élégants rameaux.

On ne possède guère en Europe qu'une vingtaine d'Épacrides distinctes, et à peu près autant de variétés ou d'hybrides. Il en existe sans doute un plus grand nombre dans leur pays natal, d'où il est bien à désirer que les voyageurs nous rapportent quelques nouvelles et belles espèces. Toutefois elles sont bien loin, à ce qu'il paraît, d'égaler même approximativement le nombre des Bruyères qui décorent si splendidement les collines du Cap de Bonne-Espérance.

M. Paxton (*l. c.*), à qui nous empruntons la belle figure ci-contre, ne connaît pas l'origine exacte de la plante dont il est question. Il soupçonne cependant, et c'est aussi notre sentiment, qu'elle provient d'un mariage adultérin entre les *Epacris grandiflora* et *impressa*. On pourrait encore, et avec quelque apparence de raison, supposer que notre plante n'est qu'une variété issue des graines de l'une de ces deux espèces ou de quelque autre voisine ; on sait combien ces plantes sont sujettes à varier sous ce rapport. Quoi qu'il en soit, elle participe en effet à la fois du *facies* des deux belles espèces que nous avons citées, en ce qui regarde le feuillage de l'une et les fleurs de l'autre. Leur progéniture paraît s'élever un peu plus haut qu'elles et se charger de plus de fleurs. Les rameaux en sont allongés, fermes, bien feuillés ; les fleurs grandes, presque horizontales, d'un beau rouge coccné, à limbe blanc, étalé en étoile.

Feuilles sessiles, ovées-lancéolées, atténuées-acuminées, très serrées, d'un beau vert ; tube floral à peine élargi supérieurement ; limbe quinquélobé, court ; lobes ovés-aigus, étalés. Étamines incluses. Style atteignant à peine l'entrée de la gorge. Сн. L.

Comme toutes ses congénères, l'*Epacris autumnalis* demande la terre de bruyère non tamisée, mélangée de sable de rivière. Le fond des pots doit être muni de tessons de poterie. En Angleterre, on donne en général aux *Epacris* un mélange de terreau de feuilles consommées et d'une

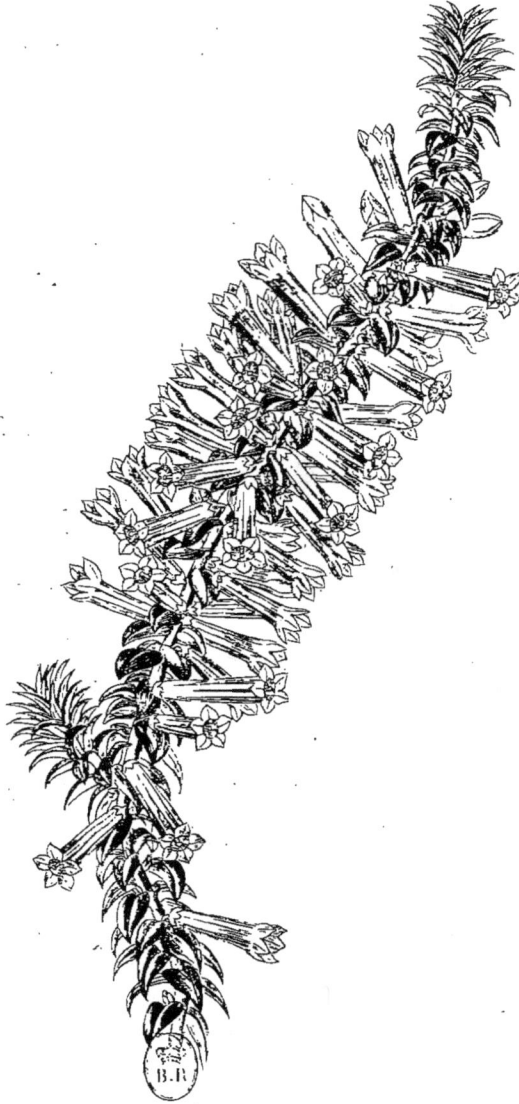

W. Rémond lith.   Dumênil sc.

Epacris autumnalis, Hort.

sorte de terre jaune, compacte, quoique légère; les plantes y végètent admirablement. Mais il faut se garder sur le continent de laisser ce *compost* aux plantes qu'on reçoit d'outre-Manche. Aussitôt leur arrivée soit en Flandre, soit en France, soit en Allemagne, on doit soigneusement le leur enlever pour le remplacer par le mélange ci-dessus déterminé. — Le rempotage annuel se fait en août.

Une orangerie très aérée et cependant plus humide que sèche, une exposition aussi près des jours que possible, sont ce que demandent ces plantes en hiver, saison pendant laquelle on modère les arrosements, dont on ne doit toutefois jamais les priver si l'on tient à les conserver dans un bel état de santé.

Pendant l'été on les place tout à fait à l'ombre, si l'on préfère avoir moins de boutons et conserver aux *Epacris* la belle couleur vert foncé qu'elles gardent dans cette situation. Pour obtenir au contraire beaucoup de boutons, on les tient au soleil, en les abritant seulement contre l ardeur de ses rayons pendant le milieu du jour (de 10 heures à 2 heures par exemple). Là, on empêche leur terre de se dessécher trop promptement en enterrant jusqu'au bord leurs pots dans le sol. Ainsi traitées elles restent trapues ; elles s'élancent au contraire un peu, si on les cultive à l'ombre. — Sous les pots ainsi enterrés dans le sol on jette une poignée de grosses cendres de charbon de terre (du petit *coke*), matière armée de mille aspérités que fuient soigneusement les lombrics (*vers de terre*) et autres insectes qu'on a intérêt à éloigner de l'ouverture inférieure de ces pots.

En bassinant pendant les chaleurs de l'été la terre tassée des sentiers que bordent les plantes de la Nouvelle-Hollande, on augmente encore le bien-être de ces plantes.

Les *Epacris* se multiplient de *graines* et de *boutures*.

De graines : Au premier printemps on sème en terrines pleines de terre de bruyère sans recouvrir ces graines, qu'on tasse seulement un peu ; et l'on tient près des jours dans l'orangerie.

De boutures : En janvier, faites sous cloches dans une serre tempérée ; ou en juillet-août, sous châssis et sous cloches, au nord, en terrines pleines de terre de bruyère légèrement recouverte de sable de rivière. L. VH.

ESPÈCES DISTINCTES D'EPACRIS CULTIVÉS EN EUROPE.

1° FEUILLES CORDÉES.

Epacris purpurascens R. Br. Nouv.-Holl. *fleurs rouges ou pourpres.* 1803. *Bot. Mag.* t. 844.
— *pulchella* Cav. Nouv.-Holl. *fleurs blanches.* 1804. *Bot. Cab.* t. 170.
— *microphylla* R. Br. Nouv.-Holl. *fleurs blanches.* 1817. *Bot. Mag.* t. 3658.
— *apiculata* All. Cunn. Nouv.-Cambridge *fleurs blanches.* 1823.
— *campanulata* Lodd. Van Diem., Nouv.-Holl. *fleurs rouges ou blanches.* 1823. *Bot. Cab.* t. 1923.
— *grandiflora* Willd. Nouv.-Holl. *fleurs cramoisies.* 1803. *Bot. Mag.* t. 982.

2° FEUILLES NON CORDÉES.

— *ruscifolia* R. Br. V. Diem. *fleurs blanches.* 1824.
— *impressa* Labill. Nouv.-Holl. *fleurs roses.* 1804. Sweet, *Fl. Austr.* t. 4.
— *ceræflora* Grah. Van Diem. *fleurs blanches.* 1831. *Bot. Mag.* t. 3243.
— *nivea* DC. Van Diem. et Nouv.-Holl. *fleurs blanches.* 1829. *Bot. Mag.* t. 3253.
E. *nivalis*, Grah. *Bot. Mag. l. c.*
— *variabilis* Lodd. Van Diem. *fleurs rouges.* 1829. *Bot. Cab.* t. 1818.
— *sparsa* R. Br. Nouv.-Holl. *fleurs blanches.* 1825.
— *obtusifolia* Smith. Nouv.-Holl. et Van Diem. *fleurs blanches.* 1804. *Bot. Cab.* t. 293.
— *heteronema* Labill. Van Diem. *fleurs blanches.* 1824. *Bot. Mag.* t. 3257.
— *paludosa* R. Br. Nouv.-Holl. *fleurs blanches.* 1824. *Bot. Cab.* t. 1226.
— *onosmæflora* All. Cunn. Nouv.-Holl. *fleurs blanches ou rouges.* 1823. *Bot. Mag.* t. 3168.
— *exserta* R. Br. Van Diem. *fleurs rouges.* 1812.
— *mucronulata* R. Br. Van Diem. *fleurs blanches.* 1824.

THUNBÈRGIE OEIL D'OR.

THUNBERGIA CHRYSOPS.

Etym. Genre dédié par M. Linné fils à Karel Peter **Thunberg**, célèbre botaniste et voyageur qui publia plusieurs bons ouvrages, de 1772 à 1800.

Famille des Acanthacées, § des Thunbergiées. — Didynamie-Angiospermie.

CARACTÈRES GÉNÉRIQUES.

Thunbergia **Linn.** f., suppl. 292. — *Calyx* basi bibracteolatus brevis cupuliformis truncatus v. pluridentatus. *Corolla* hypogyna campanulato-infundibuliformis, fauce inflata, limbo quinquefido patente, subæquali. *Stamina* 4, corollæ tubo inserta didynama. *Antheræ* biloculares, loculis parallelis ciliato-barbatis, altero breviore basi aristato. *Ovarium* biloculare, loculis biovulatis. *Stylus* simplex. *Stigma* infundibuliforme transversim bilabiatum. *Capsulæ* basi globosa bilocularis, in rostrum conicum angustata di-tetrasperma, loculicide bivalvis, valvis medio septiferis. *Semina* globosa, umbilico forato, annulo late calloso c'ncta. *Embryonis* exalbuminosi cotyledones foliaceæ conduplicatæ, radicula brevissima infera. — *Frutices indici et capenses ; foliis oppositis cordatis angulatis ; floribus axillaribus pedunculatis solitariis v. racemosis; corollis speciosis luteis v. cœruleis, fauce plerumque saturatioribus.*

Thunbergia **Linn.** f. *Suppl.* 292 ; **Gærtner,** f. III. 22. t. 183. Nees in *Wallich, Plant. As. rar.* III. 77. (**Roxburgh,** *Plant. Cprom.* t. 67; **Hooker,** *Exot. Flor.* t. 166, 177. *Bot. Reg.* t. 493. *Bot. Mag.* t. 3508.) Diplocalymma **Spreng.** *Syst.* I. 622. Flemmingiæ sp. **Hamilt.** *Msc.*

Endlich. *Gen. pl.* 4027.

CARACTÈRES SPÉCIFIQUES.

Thunbergia chrysops. — *Foliis* cordatis angulatis; *petiolo* nudo, pedunculis axillaribus brevibus unifloris ; *calyce* truncato, bracteis ovatis ciliatis; *antheris* sagittatis basi glanduloso glandulis pedicellatis ; *stigmate* foliaceo bilobo ; *stylo* apice barbato.

Hook. *Bot. Mag.*, t. 4449.

Cette charmante et nouvelle espèce de *Thunbergia* est une des nombreuses raretés que M. Whitfield, non sans beaucoup de risques et de dangers, a rapportées au comte de Derby de l'intérieur de la Sierra-Leone.

Tiges grimpantes, grêles, herbacées, légèrement poilues. *Feuilles* opposées, pétiolées, cordées ou quelquefois ovées-cordées, aiguës ou légèrement acuminées, anguleuses-dentées au bord, 5-7 nervées, transversalement veinées; *pétioles* cylindriques-comprimés, mais nullement ailés. *Pédoncules* axillaires, solitaires, uniflores, plus courts que les pétioles. *Bractées* 2, amples, ovées, appliquées à la base de la fleur. *Calyce* tronqué, court, formant une sorte de large et épais disque, dont le bord, légèrement lobé ou élevé, porte la base de la corolle. *Corolle* subcampanulée, infundibuliforme, à *tube* jaune, très contracté à la base, s'élargissant supérieurement en un limbe quinquelobé, étalé, d'un riche pourpre, passant au bleu pur autour de la gorge, qui est d'un jaune vif : circonstance qui a fait imaginer le nom spécifique (œil d'or). *Etamines* 4, didynames, incluses; *anthères* sagittées, dont les lobes sont munis à la base de glandules pédicellées. *Ovaire* verdâtre, ovoïde, surmontant un large et épais disque, outre celui qui remplit le calyce. *Style* filiforme, égalant ou dépassant en longueur le tube de la corolle, et barbu à l'extrémité ; *stigmate* formé de deux lobes amples, foliacés, plissés et jaunes.

EXPLICATION DES FIGURES.

Fig. 1. Tube corolléen ouvert. — Fig. 2. Une étamine. — Fig. ?. Calyce et pistil. — Fig. 4. L'Ovaire coupé transversalement. (Figures grossies.)

Ex **Hook.**, *l. c.*

Ch. L.

Thunbergia chrysops, Hook.

Cultivée dans un large pot et dans une serre très humide, la *Thunbergia chrysops* pousse vigoureusement, et s'étend bientôt au loin. Traitée au contraire dans une orangerie très aérée, elle perd son caractère de plante grimpante, et acquiert alors la forme d'un arbuste; mais de cette manière elle produit moins de fleurs.

Comme presque toutes ses congénères, elle développe aussi toutes les ressources de sa végétation quand on la cultive sous un châssis vitré, chauffé par le bas au moyen de fumier ou de conduits chauds.

Les *Thunbergiæ* se cultivent aussi *pour la graine*. Dans ce cas, en mai-juin on les livre à la pleine terre sous un châssis vitré, chauffé par le bas, et on ombre peu.

Les *Thunbergiæ* étant fréquemment attaquées par les araignées rouges (*Acarus telarius* L. — *Gamascus telarius* LATR.), il est indispensable de seringuer surtout le revers de leurs feuilles. On remarquera qu'en tenant la serre chaude complétement privée d'air depuis dix heures du matin jusqu'à quatre heures du soir, en ne l'aérant largement que depuis cette heure jusqu'au lendemain matin dix heures, on remarquera, dis-je, que ces plantes jouiront d'une brillante santé, et que cet *Acarus* ne les tourmentera pas, surtout si l'on a soin de les seringuer copieusement tous les soirs. — On conçoit qu'on doit bien ombrer le côté du soleil, et humecter les sentiers de la serre pendant les grandes chaleurs.

L. VH.

On connaît vingt-deux espèces environ de *Thunbergiæ*, dont les suivantes ont été introduites dans les jardins.

Thunbergia grandiflora ROXB. Indes orient. 1822. *Bot. Reg.* t. 495.
—   *fragrans* ROXB. Ind. orient. 1796. *Bot. Mag.* t. 1881.
—   *cordata* COLLA, Brésil. 1823. *Hort. Rip.* t. 21.
—   *capensis* L.-F. Cap. 1816. *Bot. Cab.* t. 1529.
—   *alata* HOOK. Zanguebar. 1825. *Bot. Mag.* t. 2591.
           On a obtenu de cette espèce diverses variétés.
—   *angulata* HOOK. Madagasc. 1824. *Exot. Fl.* t. 166.
—   *aurantiaca* ... . 1840. *Mag. of Bot.*
—   *chrysops* HOOK. 1. c.

Il en existe encore dans les jardins deux ou trois espèces indéterminées.

Ch. L.

HINDSIE A FLEURS VIOLETTES.

HINDSIA VIOLACEA.

Étym. Genre dédié par Bentham à R. B. Hinds, amateur naturaliste et en particulier zélé promoteur de la botanique.

Famille des Rubiacéees, § des Rondélétiées-Cinchonacés. — Pentandrie-Monogynie.

CARACTÈRES GÉNÉRIQUES.

Hindsia Benth. *Msc.*— *Ca ycis* tubus turbinatus, limbus 4-5 partitus laciniis inæqualibus linearibus v. apice foliaceo dilatatis. *Corolla* infundibuliform s, tubo elongato, supeine paullo inflato et inter stamina intus barbato, fauce nuda, limbi laciniis 5 ovatis, æstivatione valvata. *Antheræ* lineares sub apice tubi subsessiles. *Ovarium* biloculare; placentæ medio dissepimento affixæ, multiovulatæ. *Styli* rami longi lineares compressiusculi papilloso-hirti. *Capsula* calyce corticata, septicide bivalvis, valvulis duris demum loculicide bipartitis. *Semina* numerosa, non alata (1). Frutices *austre-americani.* Folia *opposita, petiolata, ovata v. sublanceolata.* Stipulæ *utrinque solitariæ, ovatæ, integræ, v. glanduloso-dentatæ, intus sæpius glardulosæ.* Flores *ad apices ramorum in cymas subfoliatas disposili, subsessiles, speciosi, corollis cæruleo-violaceis.* ID., *l. c.*

ENDLICH. *Gen. pl.*

CARACTÈRES SPÉCIFIQUES.

H. violacea Benth. *Msc.* — Molliter pubescens, *stipulis* ovatis; *foliis* late ovatis basi rotundatis; *laciniis* calycinis valde inæqualibus, majoribus supra medium foliaceo-dilatatis.

ID., *l. c.*

M. Lindley avait fait observer, il y a long-temps déjà, que la *Rondeletia longiflora* CHAM. et SCHLECHT différait essentiellement de ses congénères, et devait peut-être former le type d'un genre nouveau. Une autre plante, celle dont il s'agit, vint confirmer ces soupçons, et le savant Bentham, qui s'occupe de réviser la famille des Rubiacées, fit de la première un nouveau genre qui se trouve aujourd'hui composé de deux espèces.

Le genre *Hindsia* diffère principalement du genre *Rondeletia* par une corolle plutôt infundibuliforme que hypocratériforme, et dépourvue de contraction calleuse ou de barbe à l'entrée de la gorge; par une capsule qui, en raison de la déchirure de la cloison, se partage en deux coques loculicides-parties, et par d'autres points moins essentiels; caractères qui le distinguent aussi du genre *Sipanea.*

L'espèce nouvelle diffère surtout de l'ancienne (*H. longiflora*) par des feuilles beaucoup plus amples et plus tomenteuses, des fleurs également beaucoup plus grandes et plus velues; par la forme du calyce, dont un, deux ou trois segments, sont bien plus grands que les autres, et plus ou moins dilatés-foliacés au dessus de la partie médiane. Les deux plantes varient encore sous le rapport de la grandeur et de la nuance des fleurs.

L'*Hindsia violacea* est une des plus belles plantes qu'on ait jusqu'ici importées du Brésil méridional; on la doit à MM. Veitch père et fils, horticulteurs à Exeter, qui, l'ayant présentée à l'exposition de la Société d'Horticulture en mai dernier, ont reçu à son sujet la grande médaille d'argent.

C'est une plante frutiqueuse à la base et entièrement couverte d'une pubescence molle, blanchâtre. Les feuilles sont amples, ovales-aiguës, un peu rugueuses en dessous, subarrondies à la base; à pétiole assez long, subcanaliculé en dessus, souvent rougeâtre, teinte qui se prolonge sur

(1) Matura ignota AUCT. l

Duménil. sc.

N. Rémond imp.

Hindsia violacea.

la nervure médiane; nervures subparallèles, courbes, immergées, très saillantes en dessous; veines réticulées. Les stipules sont solitaires, ovées-acuminées. Les fleurs sont très nombreuses, très grandes, très longuement tubulées, et forment des cimes terminales.

Pédoncules courts bi-triflores. Tube calycinal très court, à segments fort inégaux, les plus grands foliacés-dilatés au dessus de la partie médiane, velus, spathulés, aigus. Tube corolléen très allongé, grêle, dilaté, turbiné au sommet, poilu, d'un violet pâle; limbe très ample, étalé, quadri ou quinquélobé; lobes ovés-aigus, épais, ordinairement d'un beau bleu violacé; gorge nue, très évasée; stigmates allongés, linéaires, exserts.

Ch. L., partim ex Lindl., Bot. Reg., t. 40, 1844.

Les soins que réclame l'*Hindsia violacea* se bornent aux suivants : On la tient en serre chaude, où elle fleurit au printemps. On la rempote en janvier, saison propre au rempotage de presque toutes les plantes de serre chaude, sauf celles qui seraient en fleur, et dont on voudrait prolonger la floraison.

L'*Hindsia violacea* demande une terre riche en humus, et beaucoup d'eau pendant la plus longue période de sa croissance. On ne doit jamais oublier de munir le fond des pots de pierrailles, afin de faciliter un large écoulement à l'eau des arrosements. Cette précaution est, comme chacun le sait, applicable à toutes les plantes qu'on cultive en pots; mais elle est bien plus indispensable encore quand il s'agit de plantes qui réclament de l'eau en abondance.

Les plantes de serre qui croissent avec rapidité et qui tendent un peu *à filer* réclament un pincement périodique. On en fait de cette manière de jolies touffes trapues, agréables à l'œil. L'*Hindsia violacea* est une des plantes qui veulent ce traitement.

Sa multiplication par boutures faites sur couche chaude et sous cloches n'offre pas de difficulté et peut se faire en tout temps.

L. VH.

ROSAGE A FLEURS JAUNE D'OR DE SMITH.

RHODODENDRUM SMITHII AUREUM.

ETYM. Les anciens paraisseut avoir confondu, du moins si l'on s'en rapporte au texte un peu embrouillé de Pline, le *Rhododendrum* (ῥοδόδενδρον, arbre de rose) avec le Laurier-Rose (νάριον ou ῥοδοδάφνη), Linné a imposé le premier de ces noms aux plantes de ce genre.

Famille des Ericacées, § Rhododendrées. — Décandrie-Monogynie.

CARACTÈRES GÉNÉRIQUES.

Rhododendron LINN. — *Calyx* quinquepartitus. *Corolla* hypogyna infundibuliformis v. subcampanulata, limbo quinquefido v. rarius septemfido, æquali v. subbilabiato. *Stamina* hypogyna v. imæ corollæ inserta ejusdem laciniis numero æqualia (5), v. sæpius dupla (10 v. 14). *Filamenta* filiformia adscendentia. *Antheræ* muticæ, loculis apice poro obliquo dehiscentibus. *Ovarium* quinquedecemloculare ; loculis multiovulatis. *Stylus* filiformis. *Stigma* capitatum. *Capsula* globosa v. oblonga-quinquedecemlocularis, septicide-quinquedecem valvis, columna centrali placentifera libera. *Semina* plurima, testa laxa, reticulata, scobiformia. — Frutices v. arbores, *in Europæ et Asiæ mediæ alpibus, in America boreali, in Indiæ terra continenti et insulis spontanei.* Foliis *alternis, integerrimis, sempervirentibus v. deciduis, floribus corymbosis, speciosis, luteis, roseis, purpureis, v. albis.*

Rhododendron LINN. *Gen. n.* 548. GARTNER, I. 403. t. 63. DON, *in Edinb. philosoph. Journal*, VI , 49.

a. Anthodendron REICHENB. — *Corolla* pentamera, limbo subbilabiato. *Stamina* 5. *Ovarium* pentamerum. Flores *flavi*. Species *una orientalis, reliquæ boreali-americanæ.* — Anthodendron REICHENB. *Flor. germ.* 416. Rhododendri sect. Pentanthera DON, *Syst.* III. 846. Azaleæ sp.|LINN. et Auct. ANDREW, *Bot. Reposit.* t. 16. *Bot. Mag.* t. 172. 433. *Bot. Reg.* t. 414.

b. Rhodora LINN. — *Corolla* pentamera, distincte bilabiata, labio superiore trilobo, inferiore bipartito. *Stamina* 10. *Ovarium* pentamerum. — Flores *rosei*. Species *boreali-americana.* — Rhodora LINN. *Gen.* 547. HERITIER, *Stirp.* I. t. 68. (*Bot. Mag.* t. 474.)

c. Eurhododendrum. — *Corolla* campanulata, pentamera. *Stamina* 10. *Ovarium* pentamerum. — Species *gerontogeæ et boreali-americanæ.* — Vireya BLUME, *Bijdr.* 854. (JACQ. *Flor. austr.* t. 98, 255. *Ic. rar.*, t. 78. *Bot. Mag.*, t. 636, 650, 951, 1458, 1480, 1671, 2285, 2067, 3106. BENNETT, *in plant. javan. Horsfield.* t. 19-20.

d. Booran. — *Corolla* pentamera, campanulata. *Stamina* 10. *Ovarium* octodecamerum. — Species *indicæ* (SMITH, *Exot. Bot.* t. 6. HOOKER, *Exot. Flor.* t. 168. *Bot. Reg.* t. 896. SWEET, *Fl. Gard.* II. t. 244. WALLICH, *Plant. As. rar.* t. 123, 207.)

e. Hymenanthes BLUM. — *Corolla* campanulata, eptamera. *Stamna* 14. *Ovarium* pentamerum. — Species *japonica.* — Hymenanthes BLUME, *Bijdr.* 826. Rhododendron Metternichii SIEBOLD et ZUCCARINI. *Flor. japon.* t. 9.

Peu de plantes peuvent présenter un aspect aussi splendide, aussi magnifique que des groupes de *Rhododendrums* en fleurs. Ces fleurs, si grandes, si nombreuses, réunies comme en gros bouquets faits à plaisir, offrent toutes les teintes les plus vives comme les plus délicates, passant du pourpre et du violet au blanc rosé et au cramoisi foncé, tranchant sur le vert foncé d'un large et vigoureux feuillage ; elles font des *Rhodendrums* les rivaux des *Pelargoniums ;* et, en fait de beauté, l'amateur indécis se contente de jouir en silence sans se prononcer.

Ce sont en général des plantes suspectes. Quelques unes sont réputées narcotiques, et même, à une certaine dose, vénéneuses. Les feuilles de bon nombre d'entre elles sont, dit-on, un excellent sudorifique. On en connaît plus de cinquante espèces, regardées comme distinctes par les botanistes, et presque toutes cultivées dans les jardins. Le nombre des variétés que beaucoup d'entre elles ont produites est infini, et font les délices des curieux.

Rhododendrum Smithii. Sweet. Bureau Hort.

Les anciens ont connu les *Rhododendrums*, et leurs auteurs font mention de quelques accidents causés par la mastication des fleurs ou des feuilles de ces plantes, exécutée soit par les hommes, soit par les animaux. Ils parlent surtout d'un miel récolté par les abeilles sur ces arbrisseaux, dans le royaume de Pont, et dont l'inglutition rendait insensé. Xénophon attribue à un miel semblable les accidents morbides qui affligèrent les Dix-Mille dans leur célèbre retraite. Que de tels faits soient exacts ou exagérés, il est prudent de se méfier de ces plantes, et de se contenter d'en admirer la beauté.

La belle variété dont nous offrons la figure ci-contre a été gagnée en Angleterre par feu M. Smith, pépiniériste à Norbiton, près de Kingston (comté de Surrey), qui, dit-il, l'a obtenue d'un *Rhododendrum ponticum* croisé avec l'*Azalea sinensis* (*Rhododendrum*, § *Tsutsusi, sinense*). Le magnifique hybride issu de ce mariage adultérin a, comme son père, un feuillage ample et persistant; mais, à l'exception de ce caractère si désirable dans ces plantes, ce feuillage reproduit les qualités de celui de la mère, c'est-à-dire la même souplesse, la molle texture et la même couleur.

Il est fâcheux que les exigences du format aient contraint l'artiste à réduire sa figure au tiers. Les fleurs représentées de grandeur naturelle eussent donné au lecteur une bien plus juste idée de leur beauté et de la valeur relative de la plante. Ces fleurs, qui n'ont pas moins de 6 à 8 centimètres de diamètre, sont d'un beau jaune d'or; leur tube supérieur est maculé de points bruns; les étamines et le style sont blancs.

La plante conserve ses feuilles en tout temps. Celles-ci sont très amples, ovales, obtuses, assez fortement gaufrées, et d'une nuance gris bleuâtre.

Le *Rhododendrum Smithii aureum* sera bientôt dans toutes les collections.

CH. L.

Les *Rhododendrum Smithii Norbitonense*, *R. Sm. carneum elegantissimum*, et quelques autres provenant du semis qui a produit le *R. Sm. aureum*, sont des hybrides admirables.

Cultivés en pots, ces hybrides ne réclament d'autres soins que ceux que l'on donne aux autres hybrides des *Rhododendrum arboreum et ponticum* anciennement connus.

L. VH.

INGA TRÈS ÉLÉGANTE.

INGA PULCHERRIMA.

Éтуm. Nom amé-icain adopté pour ce genre par Marcgraff.

Famille des Mimosacées, § Acaciées.— Monadelphie-Monandrie.

CARACTÈRES GÉNÉRIQUES.

Inga Plum. — *Flores* polygami. *Calyx* tubuloso-campanulatus quadriquinquefidus v. dentatus. *Corolla* imo calyci inserta gamopetala tubuloso-infundibuliformis, quadri-quinquefida, laciniis ovato-oblongis æstivatione valvatis. *Stamina* 10 v. plurima, cum petalis inserta, longe exserta; *filamenta* inferne in tubum plus minus longum coalita superne filiformia; *antheræ* biloculares, subgloboso-didymæ. *Ovarium* lineari-oblongum. *Stylus* terminalis filiformis; *stigma* subcapitatum v. depresso capitatum v. subpeltatum. *Legumen* lato-lineare, compressum, transversim septatum, bivalve, pulpa v. farina repletum. *Semina* plura, lenticularia. *Embryo* exalbuminosus. — Arbores v. frutices, *in America et Asia tropica crescentes, inermes v. aculeis stipularibus armati: foliis alternis, simpliciter, conjugato v. duplicato paripinnatis; petiolo interdum alato, sæpissime inter pinnas glanduloso; foliolis integerrimis; capitulis globosis v. ellipticis, rarius spicis cylindricis, axillaribus et terminalibus.*

Inga Plum. *Gen.* 13. t. 25; Willdenow, *Spec.* IV. 104; Kunth, *Mimos.* 85. *Nov. gen. et spec.* VI. 248; DC. *Prod.* II. 432; Meisner, *Gen.* 96 (6ª). Amosa Nicker, *Elem.* n. 1295. Mimosæ sp. Linn.

a. Stryphnodendron Mart. — *Stamina* decem. *Legumen* lineare, compressum y, leviter convexum, indehiscens, coriaceum, intus carnosum et incomplete septatum, maturitate baccans. *Semina* plura in funiculis filiformibus pendula, dura. *Testa* cartilaginea, nucleum album arcte obducente.
Stryphnodendron Martius, *Herb. Brasil.* 117. Mimosa Barba de Timan, *Flor. Flum.* XI. t. 7.

b. Euinga. *Legumen* transverse sparie septatum, lineare, teres v. planum, coriaceum, intus molle, tandem quasi baccans, vix regulariter dehiscens. *Testa* nucleum viridem, mollem, laxe ambiens, extus pulpa mucilaginosa, saccharina obducta.
Inga Martius, *Herb. Brasil.* 113. Mimosæ sp. *Flor. Flum.* XI. t. 3, 4, 9, 11, 12, 21, 42, 44, 45. (Kunth, *Mim.* t. 11-14.)

c. Pithecolobium Mart. — *Stamina* plurima. *Legumen* lineare, planum v. leviter convexum, ad margines acutiusculum, haud articulatum, rectum v. pluries cochleatum, duriusculo-coriaceum, bivalve, valvis intus (plerumque coloratis et) tenuiter pulposis, pro seminibus leviter impressis. *Semina* lentiformia, funiculo filiformi, arillo subdimidiato obducta, testa nitida, dura, nucleum album, arcte involvente.
Pithecolobium Martius, *Catalog. Hort. monac.* 188; *Herb. Brasil.* 114. Mimosae sp. Jacq. *Hort. Schœnbr.* t. 392; *Fragm.* t. 34. f. 1. *Flor. Flum.* XI. t. 13. (Kunth, *Mim.* t. 18.)

d. Enterolobium Martius. — *Stamina* plurima. *Legumen* coriaceum, indehiscens, reniformi-mesenteriforme, intus carnosum, endocarpio pergameneo subloculosum. *Semina* elliptica, testa dura, funicolo filiformi.
Enterolobium Martius, *Herb. Brasil.* 128. Mimosæ sp. *Flor. Flum.*

Endlich, *Gen. pl.* 6837.

Selon les catalogues anglais (Loudon et Sweet's *Hort. Brit.*), cette plante a été introduite en Europe du Mexique, sa patrie, dès 1822. Elle est aujourd'hui assez répandue dans les collections, et cependant elle n'est décrite nulle part dans les ouvrages des botanistes; au moins nous n'avons pu la trouver dans le nombre assez grand de ceux que nous avons à notre disposition. Ainsi, le *Prodrome* de De Candolle, le *Repertorium* de Walpers, la revue qu'a faite Bentham des Mimosacées dans le *Journal of Botany* de Hooker, le *Systema of Gardening and Botany* de Don, etc. la passent complètement sous silence. Cependant elle est encore citée par Steudel (*Nomenclator Botanicus*), et par Reynhold (*Nomenc. Botan. hortensis*).

Inga pulcherrima, Cervant.

C'est pourtant une très belle plante qui, par son léger et aérien feuillage quadribipenné, par ses nombreuses et splendides fleurs d'un pourpre éclatant (les étamines), autantque nous en pouvons juger d'après la figure ci-contre, empruntée au *Paxton's Magazine of Botany* (nous n'en avons pas examiné les fleurs), paraît bien appartenir au genre *Inga*.

C'est, selon toute apparence, un arbrisseau qui paraît atteindre 2 mètres de hauteur, à rameaux grêles, cylindriques, finement velus (poils dressés, appliqués) pendant leur jeunesse, enveloppés avant leur naissance par des squames pérulaires (caractère remarquable et exceptionnel!), cymbiformes, ciliées au bord. Les pétioles sont articulés, renflés au point d'insertion, glanduleux, assez courts, brunâtres, canaliculés en dessus, et velus comme les rameaux. Ils portent quatre ou six paires de pennes sans impaire, ovales oblongues, légèrement décroissantes aux extrémités; dont le pétiolule très court (presque sessile), renflé à la base, et formant en dessus un angle dans toute sa longueur. Les folioles, au nombre de vingt à vingt-six, sont oblongues, subobtuses-mucronulées au sommet, pauci ciliées au bord, glabres sur les deux faces, très brièvement et obliquement pétiolellées, le bord basilaire inférieurétant un peu auriculé. Stipules linéaires acuminées, dilatées à la base, longuement persistantes Pédoncules axillaires, presque aussi longs que les pétioles, dressés avant l'anthèse, nutans ensuite. Les fleurs sont réunies en capitules solitaires et au nombre de 15-16, portées chacune sur un très court pédicelle. Les alabastres en sont arrondis, verdâtres.

En l'absence des objets sous les yeux, nous ne saurions décrire le double périanthe ni les organes sexuels; nous pouvons seulement dire, d'après la figure, que les étamines sont extrêmement nombreuses, fasciculées, d'un beau rouge cramoisi, et forment de magnifiques bouquets n'ayant pas moins de 6 centimètres de diamètre.

M. Paxton. (*l. c.*) rapporte que cette plante, cultivée en serre chaude, participe jusqu'à un certain point des propriétés irritables qui distinguent si éminemment plusieurs plantes de sa belle famille. « Si l'on presse rudement (*roughly*), dit-il, avec la main, les jeunes feuilles exposées à un fort courant d'air, ou à un abaissement soudain de température, elles se contractent et se replient rapidement (les folioles) les unes sur les autres, mais se rouvrent bientôt et reprennent leur position habituelle. » Nous n'avons pas expérimenté ce fait.

On cultive en Europe près de quarante espèces d'Inga, toutes plus ou moins remarquables par la beauté de leurs fleurs et de leur feuillage.

Ch. L.

Les *Inga* appartiennent toutes à la zône torride. Le traitement qu'elles requièrent est uniforme: une serre chaude en hiver, et en été l'orangerie depuis le mois de juin jusqu'à la fin du mois d'août.

On les rempote habituellement en janvier, à moins qu'une particularité imprévue ne vienne s'opposer alors à cette opération. Le moment du rempotage est aussi celui de la taille; mais les *Inga* qui se ramifient sont les seules qu'on rabatte. On ne mutile pas les espèces qui, comme les *Parkia*, croissent en verticilles; ces *Parkia!*... qui, pour l'élégance, sont dans leur patrie les émules des plus gracieux Palmiers!!

Les *Inga* veulent un mélange de terre forte et de terreau de feuilles consommées. — Le fond des pots bien garni de tessons. — De l'eau en abondance pendant la pousse.

Après la taille, on peut aussi placer sous châssis les *Inga pulcherrima*, *kermesina*, et celles de leurs congénères qui, comme elles, fleurissent facilement. On enterre alors les pots dans une couche neuve de feuilles, et leur jeune bois ne tarde pas à se garnir de boutons à fleurs.

Presque toutes les *Inga* se multiplient de boutures, mais celles de l'espèce qui nous occupe ici surtout prennent racine avec la plus grande facilité.

Les insectes blancs (*fausses cochenilles*) qui salissent ces belles plantes doivent être l'objet des recherches actives de tout jardinier jaloux de conserver à ses plantes cet aspect de santé qui réjouit le visiteur. De tous les moyens employés pour leur destruction, le plus simple et le plus sûr est de les faire ôter à l'aide d'une brosse sèche. Dans certains pays, les jardiniers insouciants considèrent cet insecte comme un hôte *indélogeable*. Dans d'autres pays, au contraire, il est des jardiniers qui, interpellés à ce sujet, offriraient au visiteur de lui *donner* toute plante de leurs serres sur laquelle on apercevrait un seul de ces insectes.

L. VH.

Luculia Pinceana, Hook.

LUCULIE DE PINCE.
LUCULIA PINCEANA.

ÉTYM. *Luculia* est une altération du nom de ces plantes dans le Népaul.

Famille des Rubiacées, tribu des Cinchonées-Eucinchonées. — Pentandrie-Monogynie.

CARACTÈRES GÉNÉRIQUES.

Luculia Sweet, *Brit. Flow. Gard.* I. t. 145. — *Calycis* tubo turbinato cum ovario connato, limbi superi quinquepartiti laciniis lineari-subulatis æqualibus deciduis. *Corolla* supera hypocraterimorpha, tubo ad faucem vix ampliato, limbi quinquefidi (1) laciniis æstivatione valvatis sub anthesi patentibus obovatis obtusissimis. *Antheræ* 5, lineares ad corollæ faucem subsessiles subinclusæ. *Ovarium* inferum biloculare; *ovula* in placentis linearibus dissepimento utrinque insertis plurima adscendentim imbricata. *Stylus* simplex; *stigmata* 2, carnosa. *Capsula* obovato-oblonga apice nuda bilocularis septicido-bivalvis. *Semina* plurima in placenta demum libera adscendentim imbricata compressa, ala membranacea dentata ad basim angustata cincta. *Embryo...*
— Arbusculæ *nepalenses ramis teretibus pubescentibus; foliis oppositis ellipticis breve acuminatis petiolatis supra glabris subtus ad nervos villosis; stipulis utrinque solitariis e basi lata acuminatis petiolos superantibus;* corymbi *terminalis multiflora ramulis oppositis, ultimis apice trifloris; corollis albidis roseis carosulis.*

ENDLICH. *Gen. pl.* 3271.

CARACTÈRES SPÉCIFIQUES.

L. pinceana HOOK. *Bot. Mag.* t. 4182 (sub *L. pinciana !*). — *Foliis* latis ovalibus multinervis ad quoddam lumen subglaucescentibus; *ramulis* flavo-punctatis; *floribus* majoribus fragrantissimis albido-roseis, tubo longissimo coccineo; *laciniis* limbi ad basim tuberculis didymis 5 notatis.

CH. L.

Nous n'avons rien à ajouter, rien à changer à la notice et à la description que l'illustre auteur a données de cette magnifique Rubiacée, et dont nous donnons ci-dessous la traduction textuelle. Nous avons cru toutefois devoir établir, conformément aux données de la sciences, une phrase spécifique plus détaillée et plus complètement déterminative en raison des nouvelles espèces dont pourrait encore s'enrichir ce beau genre, qui en ce moment ne contient que les deux espèces que M. Hooker s'était contenté de caractériser ainsi :

Luculia *gratissima* SWEET (*l. c.*), corollæ limbo etuberculato.
— *pinceana* HOOK. (*l. c.*) corollæ limbo tuberculis quinque didymis (notato).

« En commençant une nouvelle série (la 3e) du *Botanical Magazine*, c'est avec une satisfaction peu ordinaire que nous, offrons à nos lecteurs l'une des plus gracieuses et l'une des plus agréablement odorantes plantes qu'il nous ait été donné de décrire dans l'un de nos précédents volumes. De justes louanges avaient été accordées à la *Luculia gratissima* (t. 3046) par l'aimable correspondant qui nous avait communiqué cet agréable arbrisseau; mais on peut dire, sans rien ôter au mérite de cette espèce, que celle dont il est question l'emporte de beaucoup sur elle, non moins pour le volume et la beauté de ses fleurs que par leur puissant et délicieux parfum. De plus, comme espèce, elle est entièrement distincte de cette dernière, la seule qu'on ait jusqu'ici connue de ce genre. Pour la taille et l'aspect général toutes deux paraissent à peu près semblables; mais la nôtre a des feuilles plus larges et plus courtes, une nervation plus compacte et plus serrée, le

(1) Etuberculati; tuberculis 5 didymis notati....

CH. L,

3

limbe de la corolle porte cinq paires de tubercules proéminents, dont une dans le sinus de chaque lobe.

» Elle a été élevée de graines reçues du Népaul par M. Pince (à qui le jardin royal de Kew en est redevable d'un individu), fleuriste à Exeter, qui la cultive en serre tempérée. Nous devons faire observer que le specimen figuré ci-contre n'est qu'une portion de la grande cyme florale composée qui nous a été envoyée, et qui, pour la rendre exactement, eût exigé une planche in-folio.

» DESCRIPTION. Arbrisseau atteignant d'un à deux mètres (quelques pieds, dit l'auteur) de hauteur, à rameaux nombreux opposés. Feuilles ovales plutôt qu'ovées, multinervées ; nervures très étalées, très compactes ; bords très entiers. Feurs disposées en larges cymes au sommet d'assez courts rameaux feuillés, et formant par leur réunion une cyme composée de 35 centim. environ de diamètre, offrant d'amples fleurs d'un blanc pur (en dessus) et d'une odeur délicieuse. Plus tard, cette teinte blanche passe à une couleur de crème ou d'ivoire lavée de rougeâtre ; le dessous est rougeâtre et le tube coccíné.

» Mais ce qui distingue essentiellement ces fleurs de celles de la *Luculia gratissima* est la présence d'une paire de tubercules proéminents (ou *nectaires*, comme parleraient les anciens botanistes) à la base de chaque sinus ; soit dix tubercules, ou cinq paires en tout. L'ample limbe du calyce est promptement caduc; le style, ainsi que les étamines, sont inclus dans le tube corolléen, le stigmate biparti. »

Cette description est un peu courte sans doute ; mais en raison de l'absence de la plante en fleurs, plante à peine introduite encore en ce moment sur le continent, nous avons le regret de ne pouvoir lui en substituer une autre plus détaillée.

CH. L.

Nous n'avons certes pas eu l'occasion d'expérimenter les divers modes de culture qui peuvent le mieux convenir à la *Luculia pinceanna* ; mais, comme tout en elle nous rappelle le facies général de l'ancienne espèce, comme leur patrie est la même, nous appliquerons à la nouvelle venue les données certaines de culture que nous a fournies la pratique au sujet de l'ancienne.

On s'étonne avec raison que la culture de cette dernière (*Luculia gratissima*) elle-même ait été autant délaissée dans ces derniers temps. Quelle est la plante cependant qui pourrait récompenser plus magnifiquement le cultivateur de ses soins ! Ses larges bouquets de fleurs du rose le plus délicat, leur durée, le parfum suave qu'elles exhalent, tout devait concourir cependant à faire rencontrer partout cette belle plante, à en faire un hôte privilégié de nos serres. Recherchons donc les causes de cet injuste abandon, et mentionnons à son sujet ici les méthodes de traitement dont l'expérience a prouvé le mérite.

Les deux seules Luculies jusqu'ici connues sont des plantes dont l'art dans nos cultures doit jusqu'à un certain point modifier le port naturel. Emettant de longues pousses grêles et peu nombreuses, ces plantes, sans le secours de la taille, ne formeraient jamais de buissons d'un aspect agréable à l'œil. Aussitôt après leur floraison, avant même la chute des fleurs, le sommet des branches florales développe déjà de nouvelles pousses, tandis qu'à leur base, les anciennes gemmes axillaires (yeux) restent dans une inertie complète; nudité raméale d'un effet fort peu pittoresque. Par cette disposition, au bout de deux ou trois années, le vieux bois inutile absorbe presque toute la sève aux dépens des jeunes rameaux. En présence de ce fait, beaucoup de cultivateurs ont pensé que, pour se procurer de beaux individus, ils n'avaient d'autre parti à prendre que de jeter leurs anciennes plantes et d'en élever de jeunes.

Mais, s'il est avantageux d'avoir chaque année à sa disposition un certain nombre de jeunes plantes destinées à fleurir à l'état nain, il est certes bien préférable encore de posséder des Luculies à cimes amples et bien touffues, bien ramifiées dès la base; et c'est ce qu'on ne saurait obtenir qu'en conservant les vieux pieds.

L'erreur capitale dans laquelle tombent à cet égard beaucoup de cultivateurs, c'est de trop restreindre l'emploi de la serpette. En effet, la taille, une taille sévère, enlève seule aux Luculies ce port débauché qu'on regrette de remarquer presque toujours chez ces plantes, quand elles sont mal conduites. Une taille appropriée avec intelligence peut seule les forcer à former buisson. Ainsi, au lieu de conserver les rameaux du sommet de la plante, ces rameaux produits de l'été précédent et qui doivent se ramifier eux-mêmes, il faut les rabattre soigneusement jusqu'à un ou deux pouces de leur base. Il résultera alors de cette opération que deux, trois et même quatre branches, naîtront là où une seule se serait développée ; que le nombre de ces branches adventives, augmentant chaque année dès la base de la plante, en accroîtront la beauté en lui ôtant ce cachet de nudité dont certains cultivateurs déplorent et cherchent si souvent la cause.

Mais, de même que les extrêmes se touchent, il ne faut cependant pas que ce mode de traitement soit porté à l'excès : car, s'il se développait trop de branches au sommet de vos plantes, celles-ci, en se gênant entre elles, ne pourraient acquérir ce degré de vigueur nécessaire à la formation des boutons floraux dont la sommité de chacune d'elles est destinée à se couvrir. D'un autre côté, l'ampleur des feuilles réclamant chez ces plantes un espace proportionné à leurs dimensions, une partie d'entre elles, privées d'air alors par leur resserrement mutuel, languiraient dans un développement incomplet, et détermineraient la chute des plus inférieures.

Le maintien des rameaux terminaux a encore un mauvais résultat : c'est que, comme nous l'avons dit plus haut, les jeunes pousses s'y développent avant la fanaison des fleurs, et privent ainsi ces plantes de leur saison de repos en les entretenant dans un état continuel d'excitation. Étant rabattues au contraire, et placées dans une serre froide en les privant d'eau jusque vers la fin de février, elles obtiendront ainsi ce temps d'arrêt, d'inertie, si nécessaire aux végétaux, et dont ils jouissent librement à l'état de nature.

Il est nécessaire, avant d'en provoquer de nouveau la végétation, de leur donner une terre nouvelle ainsi composée : un tiers de terreau de jardin potager, un tiers de terreau de feuilles consommées et un tiers de mousse hachée, le tout bien mélangé, et auquel on aura ajouté un peu de guano (un 20ᵉ environ).

C'est une grande erreur encore que de placer les Luculies à la chaleur immédiatement après leur rempotage. Il est nécessaire, au contraire, de les laisser encore au froid pendant une semaine ou deux après cette opération, afin que les yeux destinés à végéter acquièrent un développement complet. En enlevant la terre usée, on blesse souvent aussi les racines ; et si les plantes sont soumises trop tôt à une haute température, les pousses paraissent avant que ces racines aient eu le temps de se refaire et de fournir à la plante le secours qu'elle doit en attendre.

Durant les premiers temps de la pousse, c'est dans une bâche tenue à 20° Réaumur environ qu'il faut placer les Luculies. Une bâche tenue humide et chaude dans la proportion indiquée est bien préférable dans ce but à une serre élevée. On y arrose ces plantes progressivement de plus en plus, et on leur donne de l'air si la température extérieure le permet. On augmente cet air à mesure que la saison avance, tout en protégeant soigneusement ces jeunes plantes contre les rayons du soleil, qui jamais ne doit luire directement sur elles. Vers la mi-juillet, la bâche n'est plus nécessaire ; on en tire les Luculies pour les placer à l'ombre, le long d'un mur au nord, où l'on puisse toutefois les protéger contre les grands vents. On les laisse là ensuite jusqu'au commencement de septembre, époque vers laquelle on s'apercevra que chaque branche sera terminée par des boutons à fleurs.

Elles demandent alors à être remises dans une bâche close, mais sans chaleur artificielle. C'est une pratique bien pernicieuse que celle de leur donner à cette époque beaucoup de chaleur : les fleurs sont bien plus amples, plus vigoureuses (plus colorées dans la *Luculia gratissima*), et durent bien plus long-temps, si, comme nous le conseillons, on les a amenées lentement jusqu'à leur épanouissement complet. En même temps les feuilles ont aussi tout le délai nécessaire pour reprendre cette belle couleur d'un vert glauque qui leur est particulière.

On voit, par les observations qui précèdent, que le traitement auquel on a jusqu'ici soumis les Luculies dans la serre chaude est loin d'être le mieux approprié aux besoins de ces plantes. En effet, par cette méthode vicieuse elles y acquièrent une constitution débile qui rend chanceuse même leur conservation en serre tempérée pendant leur floraison. Et alors non seulement leurs fleurs sont comparativement petites et de peu d'éclat, mais les tiges sont grêles, démesurément allongées; enfin, toute l'économie de ces plantes se ressent de ce traitement inopportun.

En les plaçant ainsi au pied d'un mur au nord, tout en les préservant soigneusement des rayons solaires (du 15 juillet au commencement de septembre), on a encore pour but de conserver à leurs feuilles ce vert brillant dont nous avons parlé, et qui contribue si puissamment à faire de chacune de ces plantes un objet vraiment ornemental. Toutefois, malgré ces précautions, leurs feuilles se teignent souvent, quoiqu'à un faible degré, d'une légère nuance rougeâtre, coloration qu'elles perdent cependant plus tard dans la bâche ou lors de l'épanouissement des fleurs, époque à laquelle les feuilles de ces plantes ont entièrement repris leur belle couleur première.

Des remarques qui précèdent, et dont l'observation constitue les éléments d'une bonne culture applicable aux Luculies traitées en pots, il ne faut pas inférer que ces plantes ne sont pas susceptibles d'être amenées à de grandes proportions, à former de grands exemplaires, si on les traite en conséquence; loin de là. Mais, comme certains autres végétaux, une Luculie est une plante désagréable à la vue si, privée des secours d'une taille raisonnée et souvent renouvelée, on la laisse s'élancer et atteindre plus d'un mètre d'élévation. Quand au contraire la taille en est bien dirigée, cette plante peut acquérir deux mètres environ de hauteur, et conserver son caractère ornemental. Et certes un bel exemple de Luculie d'une telle dimension est un splendide objet pendant sa floraison. A cette fin on en plante quelques unes en pleine terre dans le conservatoire, en leur ménageant la plus grande somme de lumière possible, tout en les y préservant des rayons directs du soleil. Il est essentiel que la place qu'on leur assignera ne soit pas le centre d'un courant d'air froid, mais au contraire le milieu d'une atmosphère assez chargée d'humidité; qu'elles y soit plantées dans un *compost* semblable à celui désigné plus haut; enfin que l'eau des arrosements puisse bien s'égoutter. En suivant à la lettre ces instructions, on les verra prospérer à vue d'œil d'une manière remarquable, et bientôt leur floraison sera magnifique.

Au bout de deux ou trois années de croissance dans la même terre, les Luculies cultivées dans le conservatoire s'accommodent alors parfaitement d'un peu d'engrais bien pulvérisé (des tourteaux de l'une ou l'autre graine oléagineuse avec addition d'un peu de guano), et ce stimulant leur sera continué assez copieusement chaque année. Des cendres de bois et du charbon de bois pulvérisé sont encore des matières dont l'addition est très avantageuse, soit qu'on cultive ces plantes en pots, soit qu'on les livre à la pleine terre dans un conservatoire. A défaut de ces ingrédients, on emploie de la brique pulvérisée; mais le charbon de bois et les cendres de bois, ayant en outre un pouvoir nutritif certain, sont préférables sous tous les rapports.

Je termine cet article en recommandant tout spécialement encore les précautions qu'exigent les arrosements, car chez les Luculies c est un point bien essentiel à observer. Elles craignent la stagnation de l'eau à leurs racines, et, bien qu'elles aiment à être copieusement arrosées, il faut qu'à leur base les tessons de poterie ou des gravats soient arrangés de manière à faciliter un prompt égouttement aux eaux d'arrosage.

L. VH.

Correa bicolor, Hortul.

CORRÉE A FLEURS DE DEUX COULEURS.

CORREA BICOLOR.

Étym. J. Correa de Serra, botaniste portugais.

Famille des Diosmées (Rutacées), § des Boroniacées. — Octandrie-Monogynie.

CARACTÈRES GÉNÉRIQUES.

Correa Smith, *Linn. Trans.* IV. 219. — *Calyx* cupulæformis subintegerrimus v. quadrilobus. *Corollæ* petala 4, hypogyna, calyce multo longiora, basi valvatim conniventia v. in tubum longe coalita. *Stamina* 8, hypogyna, petalis æquilonga v. exserta, quatuor iisdem opposita breviora ; *filamenta* libera glabra subulata v. basi dilatata ; *antheræ* introrsæ biloculares muticæ dorso supra basim insertæ longitudinaliter dehiscentes. *Ovaria* 4, gynophoro brevi ambitu staminifero suboctolobo insidentia unilocularia pilis stellatis dense conges'is velata; *ovula* in loculis gemina suturæ ventrali superposite inserta , superius adscendens, inferius pendulum. *Styli* ex ovariorum angulo interiore in unicum centralem stamina æquantem v. superantem coaliti ; *stigma* æquale quadrilobum. *Capsula* tetracocca , coccis nonnullis sæpe abortivis bivalvibus ; *endocarpio* cartilagineo soluto elastice bilobo basi seminifero abortu monospermo. *Semen* obsolete reniforme , testa crustacea umbilico ventrali. *Embryo* in axi albuminis rectus teres gracilis , radicula supera. — Frutices in *Novæ-Hollandia* orientali et australi indigeni pube stellata densa tomentosi v. pulverulenti ; foliis oppositis breve petiolatis simplicibus subovatis integerrimis punctato-pellucidis ; floribus ramulos axillares abbreviatos pedunculiformes terminantibus solitariis geminatis v. ternis breviter pedunculatis speciosis.

Endlich. *Gen. pl.* 6012.

Maxentoxeron Labill. (Voyez II n. Correas Horgg. *Verzeich.* 168. Antomarchia Colla , *Hort. Ripul.* app. II. 345.)

CARACTÈRES SPÉCIFIQUES.

Planta hybrida , ex *C. pulchella* et *alba* orta ? *Correa bicolor* Paxton (sub *Corrœa!*) , in *Mag. of Bot.* t. 9. f° 268 *cum ic.*

Le second quart du dix-neuvième siècle sera célèbre dans les fastes de l'horticulture par deux actes d'une haute importance, qui honoreront les jardiniers de nos jours devant leurs descendants futurs Le premier est un progrès immense qui a atteint une extension illimitée : c'est la multiplication des végétaux poussée jusqu'aux limites du possible ; le second, véritable conquête de notre époque, à peu près inconnue à nos pères, c'est l'hybridisation.

Sans parler ici des mille merveilles végétales que nos jardins doivent à l'hybridisation et que nous pourrions citer parmi maintes familles du plus attrayant des trois règnes (vieux style!), nous dirons au moins sur cette charmante plante quelques mots que nous puiserons également dans le texte de ce recueil.

On ne connaît pas l'origine certaine de cette hybride, qu'on croit provenir du croisement des *Correa pulchella* et *alba*. Elle tient, en effet, de l'une et de l'autre par la forme des fleurs et du feuillage ; le calyce couleur rose des fleurs de la première, le blanc pur de celles de la seconde, se trouvent agréablement combinés dans elle, et ce mélange fait de la plante un objet vraiment ornemental pour nos serres froides. La profondeur des lobes du limbe floral, leur ampleur, leur disposition presque enroulée-réfléchie, la distinguent cependant nettement des deux espèces mêmes et pourraient faire douter de sa filiation.

Comme ses congénères, comme cette myriade de leurs délicates et gracieuses *compatriotes*, elle fleurit chez nous pendant que l'hiver désole notre inhospitalier climat, et offre un charmant aspect, groupée avec les *Acacia,* les *Diosma,* les *Epacris,* les *Crowea,* les *Banksia,* les *Protea,* les *Platylobium,* les *Chorisema,* etc., etc., de la Nouvelle-Hollande et de l'Australie entière.

Cʜ. L.

Culture. — Réduit il y a peu de temps encore aux *Correa speciosa, virens, pulchella, alba* et *rufa,* ce genre laissait bien à désirer; mais aujourd'hui que l'art a créé des hydrides dont les feuillages divers tiennent à la fois de la beauté de ceux des *C. rufa, C. Grevillii,* etc., et dont les fleurs participent des qualités inhérentes aux meilleures espèces du genre; aujourd'hui, disons-nous, les Corrées sont de mode et fort recherchées. Les plus jolies corbeilles, en hiver surtout, seraient incomplètes si quelques rameaux de *Correa* ne venaient mêler leurs élégantes fleurs à celles d'autres plantes choisies.

Toutes les *Corrées* sont d'une culture très facile. On les tient dans l'orangerie pendant l'hiver et dehors pendant l'été, en usant là, à leur égard, des moyens de conservation que nous avons indiqués à la page 7 de ce volume pour les *Epacris.* Les *Corrées,* sans être sujettes à *filer,* demandent cependant à être assez souvent pincées, afin de former de jolis buissons.

Ces plantes, chaque année, se couvrent de milliers de fleurs dont la fraîcheur subsiste pendant des mois entiers. Leur rempotage se fait à l'époque de leur repos, lequel est habituellement de courte durée (en juillet-août). Elles aiment un sol mélangé, composé de deux tiers de terreau de feuilles bien consommées et un tiers de sable fin; la base des pots doit être bien garnie de tessons. On leur donne de l'eau en abondance pendant l'été, mais on la ménage pendant l'hiver.

On les multiplie assez facilement *de graines, de boutures, de marcottes* et *de greffes.*

De graines : A cet effet on a eu soin, pendant la floraison, de les féconder artificiellement en choisissant pour cette opération le milieu d'une journée favorisée d'un beau soleil printanier. Pour opérer un croisement aussi rationnel qu'avantageux à l'opérateur, on choisit les espèces et les variétés les plus belles et les plus éloignées par leur coloris, en ayant soin de n'admettre pour *porte-graines* que celles qui se distinguent par leur vigueur et leurs corolles de la plus belle forme. Une fois les fruits noués, on a soin de ne pas laisser les mères manquer d'eau, car la chute des capsules avant la maturité des graines s'ensuivrait inévitablement.

Après la récolte des graines on les conserve dans du sable sec, à l'abri de la gelée et de l'humidité jusqu'au premier printemps, moment des semailles. On sème dans des terrines pleines d'une terre analogue à celle que nous venons de désigner, et on recouvre le semis d'un peu de sable fin pour empêcher la naissance de la mousse. Ces terrines sont placées dans un bonne serre tempérée où le jeune plant ne tarde pas à se développer.

De boutures : Celles-ci se font presque en toute saison, pourvu qu'on ait soin de les couper sur du bois de l'année. On peut les faire à froid sous cloche ou sur couche tiède et sous cloche. Dans ce dernier cas, on essuie soigneusement ces cloches tous les trois ou quatre jours pour éviter l'humidité ambiante.

De greffes : La multiplication par le greffage est préférable aux moyens ci-dessus indiqués, parce qu'elle fournit des exemplaires plus promptement et d'une végétation plus vigoureuse.

La greffe en approche exécutée au printemps n'est plus usitée dans ce pays-ci. La greffe en fente et la pose de côté sont seules en usage. La *Correa Grevillii* est celle avec laquelle toutes les sortes s'identifient le mieux. Les plantes qui proviennent de cette greffe sont belles et vigoureuses; leurs fleurs sont plus amples que celles qui se développent sur des individus greffés sur les *C. alba* ou *rufa.* Les variétés greffées sur cette dernière croissent lentement; leurs feuilles, leurs fleurs, sont moins grandes, mais par contre celles-ci se montrent en plus grande abondance dans ce dernier cas.

Quels que soient les sujets, on opère presque en toute saison sous cloche, et mieux en serre sous châssis : les greffes s'y conservent plus saines, et les racines des sujets ne s'y endommagent pas comme quand ces plantes sont travaillées sous cloche.

Les greffes étant reprises, il est une précaution qu'on ne doit jamais négliger de prendre : c'est de n'enlever que peu à peu les branches du sujet.

De marcottes : Cet antique mode de propagation n'est usité que quand les autres procédés font défaut.

Destruction des insectes : Les revers des feuilles des *Corrées* et leurs tiges portent quelquefois des insectes qu'on détruit facilement à l'aide d'une fumigation de tabac faite en lieu clos. On les enlève aussi à l'aide d'une brosse un peu dure qu'on trempe à plusieurs reprises dans une eau de savon noir très concentrée.

L. VH.

ACHIMÈNE A FLEURS NOMBREUSES.

ACHIMENES MULTIFLORA.

Étym. L'origine de ce mot (1) n'a jamais été expliquée ; on ne sait même de quelle langue il a pu être déri-vé. Smith conjecture qu'il vient du grec, dont en effet il a la forme, et dit qu'il est formé de *à* privatif et de χείμαινειν (χείμαινω, *sec.* Smith), faire mauvais temps (qui fleurit pendant le beau temps ! ! !).

Gesnériacées, tribu des Gesnériées-Beslériées. — Didynamie-Angiospermie.

CARACTÈRES GÉNÉRIQUES.

Achimenes P. Browne, *Jam.* p. 271. — *Calycis* tubo cum ovarii basi connato, limbo quinquepartito subæ-quali. *Corolla* perigyna infundibuliformis, tubo basi postice gibbo subobliquo, limbo subæqualiter patente quinquelobo. *Stamina* corollæ tubo inserta, quatuor didynama inclusa cum rudimento quinti ; *antheræ* bilo-culares in discum cohærentes demum solutæ. *Ovarium* basi calyci adhærens, disco annulari cinctum uniloculare, placentis duabus parietalibus bilobis ; *ovula* plurima in funiculis brevibus anatropa. *Stylus* simplex ; *stigma* subcapitatum obsolete bilobum. *Capsula* coriacea unilocularis apice bivalvis, valvis medio placentiferis. *Semina* plurima subclavata. *Embryo* in axi albuminis carnosi orthotropus ; *cotyledonibus* brevibus obtusis ; *radicula* umbilicum spectante centrifuga. — Herbæ *Americæ tropicæ pubescentes*, *stolonibus squamosis hypogæis v. interdum axillaribus perennantes* ; foliis *oppositis ternatis serratis ;* floribus *axillaribus solitariis v. paucis aggregatis ;* corollis *coccineis*(miniatis violaceis v. lilacinis, rubro-punctatis v. variegatis).

Trevirana Wildenow, *Enumerat.* II, 637. Martius, *Nov. gen. et sp.* III, 65, t. 226, f. 2. Cyrilla Heritier, *Stirp.*, t. 74; *Bot. Mag.*, t. 874. Achimenis sp., P. Brow., *Pers.* Columneæ sp., Lam. Buchneræ sp. Scopoli, *Delic. insubr.* II, t. 5.

Endlich. *Gen. pl.* (cum parv. additam. !)

CARACTÈRES SPÉCIFIQUES.

Achimenes multiflora, Gardn., Herb. bras. 3873 in Hook. Ic. Pl. t. 460. *Tota hirsuta*, foliis *petiolatis oppositis ternisve ovatis acutis basi obtusis argute subduplicato-serratis ;* pedunculis *axillaribus 3-5-floris ;* calycis *lobis linearibus hirsutis ;* corollæ *tubo infundibuliformi decurvo, limbi lobis rotundatis, inferiore præcipue fimbriato.*

a. Corollæ lobo inferiore solummodo fimbriato ! (Icone Hookeri supra citata.
b. Corollæ lobis omnibus grosse fimbriatis ! (Icone de qua agitur !)

Hook. *Bot. Mag.*, t. 3993.

Parmi le grand nombre de plantes recueillies au Brésil par Gardner, collecteur pour le compte de divers jardins botaniques de la Grande-Bretagne (Kew, Glasgow, etc.), on peut citer comme l'une des plus intéressantes celle dont il s'agit ici, et qu'il découvrit sur les lisières des bois sur la Serra (montagne) de Santa-Brida et près de la ville de Arayos, province de Goyaz.

Elle n'est pas annuelle, comme l'avait annoncé ce voyageur : car, comme ses consœurs, elle émet de ses racines des tubercules rhizomatiques par lesquels se perpétue l'espèce. La frange

---

(1) Pour l'amusement des lecteurs, amateurs *d'érudition étymologique*, nous répétons ici une note du *Bo-tanical Magazine* (sub Achimenes picta) note rédigée d'une manière un peu *obscure*, mais que nous traduisons littéralement :

« Un ami classique a avancé que ce mot (*Achimenes*) devait probablement s'écrire *Achæmenes*, un roi de Perse, « bellorum victor (vainqueur des guerres), comme l'interprète Amm. » selon Lyttleton ; voilà pourquoi il a été appliqué au premier *Achimenes* connu (*A. coccinea*), *en raison de la couleur écarlate de ses fleurs !* Browne toutefois, auteur du nom, l'écrit *Achimenes ?*

. . . . Ubi,
Quem casto erudiit docta Minerva sinu ?

Achimenes multiflora, Garda.

qui en décore les lobes corolléens paraît être plus ou moins distincte et prononcée selon les individus. Ainsi, dans celui représenté d'abord dans les Icones de *Hooker* (*l. c.*), la frange est
presque nulle et n'existe que sur le lobe inférieur de la corolle. Dans l'individu figuré ci-contre,
elle borde tous les lobes et s'allonge surtout sur les trois inférieurs.

L'*Achimenes multiflora* (l'épithète *fimbriata* eût été plus justement appliquée) s'élève environ
de 35 à 40 centimètres de hauteur. La tige paraît en être simple, et, à l'exception de la corolle,
toute la plante est couverte de poils. Les feuilles en sont opposées (ou ternées!), brièvement pétiolées, surtout les supérieures, ovées, subatténuées-aiguës, assez fortement dentées, d'un vert
sombre en dessus, pâle en dessous, parsemées de poils rudes, épars. Pédoncules axillaires, solitaires, triflores. Calyce semi-supère, fendu profondément en cinq lobes oblongs-linéaires, obtus,
ciliés, subétalés. Corolle nutante ; tube arqué-subventru en dessous, infundibuliforme, d'un lilas pâle, légèrement gibbeux à la base ; limbe très ample, étalé, relevé-dressé en dessus, d'un
riche lilas légèrement violacé, à cinq lobes presque égaux, bordés de dents linéaires (frange) distantes chez les deux supérieures, assez rapprochées et plus allongées chez trois inférieures. Disque annulaire peu distinct, entier. Ovaire arrondi-conique, velu ; stigmate bifide.

Par les deux derniers caractères que nous venons de citer (le disque et le stigmate) et surtout
par son port et son feuillage, cette belle plante appartient bien aux *Achimenes* ; mais, en en ju-
geant d'après la forme extérieure de ses fleurs seulement, on la prendrait pour un *Gloxinia*. Ce
sera pour les amateurs, en raison du nombre, de la grâce et du joli coloris de ses fleurs, un objet de prédilection. Elle est encore très rare dans les jardins (avril 1845).

CH. L.

Culture. — En ce moment nous possédons déjà huit espèces d'*Achimènes* (*A. longiflora,
grandiflora, coccinea, pedunculata, rosea, multiflora, hirsuta, picta*), et ce nombre ne peut tarder à s'accroître encore en raison des nouveautés du même genre dont l'Europe attend chaque
jour et avec impatience l'arrivée de leur patrie, contrée inépuisable en brillants végétaux de
toute sorte.

Dans leur pays natal, toutes les *Achimènes* croissent à l'ombre de grands arbres, tantôt dans
les bifurcations de leurs troncs, tantôt dans les fissures de rochers que le temps a remplies d'un
humus végétal. Là, elles se perpétuent au moyen des nombreux tubercules qu'elles émettent de
leurs rhizômes.

Sous les tropiques, comme on sait, la saison des grandes chaleurs est aussi celle des grandes
pluies : c'est pendant ce temps que végètent et que fleurissent les Achimènes. Elles restent au contraire dans l'inertie pendant la saison sèche. Alors dépouillées de tiges et de feuilles, la plupart
de leurs nombreuses espèces, inconnues jusqu'ici, échappent aisément pendant cette longue période aux recherches avides de nos explorateurs. Toutefois, aussitôt qu'il a le bonheur d'en découvrir une, le collecteur n'éprouve aucune difficulté à en enlever les nombreux rhizômes, qu'il
peut expédier en Europe en toute sûreté, car ces tubercules se conservent parfaitement quand on
a le soin de les emballer dans de la mousse sèche entremêlée d'un peu de terreau de feuilles.

Culture en Europe. — Aussitôt arrivées à leur destination en Europe, ces racines doivent
être plantées dans des vases qu'on remplit d'un bon terreau de feuilles et qu'on place sur une tablette sèche de la serre chaude.

Vers la fin de janvier, ces plantes sortent de l'état de torpeur dans lequel elles ont dû passer
l'hiver. On les plante isolément alors dans des pots peu profonds remplis de terreau frais, et on
les soumet à l'action vivifiante d'une bonne bâche dont l'atmosphère doit être humide et chaude.
Là elles ne tardent pas à montrer leurs tiges. On les rempote un peu plus grandement, on leur
donne au besoin des tuteurs ; et bientôt une succession de fleurs du plus brillant coloris vient cou-

4

ronner le peu de soins qu'elles ont coûtés. C'est alors que l'*A. longiflora* montre ses larges corolles du plus beau bleu ; que l'*A. grandiflora* se pare de ses grandes fleurs carminées ; que les *A. coccinea* et *rosea* aux jolies petites fleurs ou roses ou d'un pourpre igné ; que les *A. picta, hirsuta, pedunculata,* présentent leurs nombreuses corolles dont les nuances, plus ou moins vermillonnées, sont diversement striées ou mouchetées ; que l'*A. multiflora* enfin montre ses corolles frangées d'un beau bleu lilaciné. Toutes viennent donc ainsi tour à tour apporter à leurs geôliers d'Europe le riche tribut, gage de leur soumission et de leur résignation à un exil désormais perpétuel.

En octobre, leur floraison est terminée ; leurs tiges et leurs feuilles se flétrissent ; toute la plante, en un mot, se prépare à son repos hivernal. La terre de leurs pots sera alors graduellement privée d'eau, et ceux-ci devront être placés sur une tablette élevée, bien sèche, et qui doit être réservée pour leur hivernage. Puis, dès les premiers jours du printemps, on les traite de nouveau comme nous venons de le dire.

De toutes ses congénères connues jusqu'ici, l'*A. multiflora* est peut-être la plus rebelle à la culture. La date assez récente de son introduction dans nos établissements horticoles ne nous a pas encore permis de pratiquer les expériences nécessaires pour rendre cette culture plus facile. En effet, si les tubercules paraissent plus délicats que ceux des autres espèces, s'ils semblent plus sujets à *fondre* pendant l'hiver, cette apparence de débilité ne pourrait-elle provenir de cette débilité même inhérente à des plantes si récemment introduites, et auxquelles une année ou deux de culture ne sauraient guère donner la vigueur qu'ont acquise les autres espèces ?... Espérons.

Hybridisation. Les *Achimènes,* par leur affinité avec les *Sinningia,* les *Gesneria,* les *Drymonia,* etc., nous semblent encore destinées à rendre d'importants services à l'horticulture, et nous ne saurions assez attirer l'attention du monde horticole sur une opération dont les riches et certains résultats feront aimer de plus en plus cette précieuse famille de plantes.

Multiplication. Ainsi que nous venons de le dire, presque toutes les espèces se reproduisent prodigieusement par la séparation de leurs rhizomes ; et si ce mode de reproduction ne suffit pas, on peut avoir recours à la voie ordinaire et prompte du bouturage.

L. VII.

Damenil sc.   N. Rémond imp.

Cyphea (Cuphea) *stringulosa,* Kunth.

CYPHÉE A FEUILLES RUDES.
CYPHEA (*Cuphea*) *STRIGULOSA*.

Éᴛʏᴍ. *κῦφος, εος*, voûte, courbure, forme des capsules.

Lythracées, tribu des Lythrées (Eulythrariées, Eɴᴅʟ.). Dodécandrie-Monogynie.

CARACTÈRES GÉNÉRIQUES.

Cyphea (1), P. Bʀᴏᴡɴᴇ (sub Cuphea). *Calyx* persistens tubulosus, tubo basi postice gibbo v. calcarato ner-
voso-castato adscendente, limbo plicato sæpe ampliato inæqualiter duodecimdentato, dentibus alternis, exterioribus minoribus interdum obsoletis, interioribus triangularibus, postico sæpe latiore, tubi nervis in dentes me-
dios excurrentibus. *Corolla* rarissime nulla; sæpissime petala 6, summo calycis tubo inserta, ejusdem dentibus
minoribus opposita, unguiculata, duo postica plerumque majora, sæpe infra basim glandula aucto. *Stamina* 2,
calycis fauci diversa altitudine inserta inclusa inæqualia quorum sex dentibus calycinis exterioribus petalisque
opposita, duobus posticis demissius insertis, quinque dentibus majoribus opposita, uno postico deficiente; *filamenta* brevia; *antheræ* introrsæ biloculares elliptæ parvæ longitudinaliter dehiscentes. *Ovarium* liberum,
nunc sessile, ima basi cupula glandulosa cinctum v. brevissime oblique stipitatum, postice glandula interdum
obsoleta stipatum, oblongum compressum biloculare, loculis inæqualibus, altero minore sæpe vacuo, dissepimento apice in fila soluto, mox evanido. *Ovula* 2, v. plurima, placentæ filiformi, medio dissepimento adnatæ
funiculis adscendentibus inserta (anatropa. *Stylus* subulatus, incurvus; *stigma* capitatum emarginato-bilobum.
Capsula oblonga compressiuscula tenuissime membranacea, calyce cincta septo oblitterato unilocularis demum
hinc fissa, placenta columellari libera. *Semina* pauca v. plurima, lenticulari-complanata, testa coriacea aptera,
umbilico marginali. *Embryonis* exalbuminosi orthotropi; *cotyledones* orbiculatæ; *radicula* brevissima, umbilicum attingens. — Herbæ v. *suffrutices*, sæpe viscosi in *America tropica indigeni*; foliis *oppositis v.
verticillatis, aut interdum simul alternis integerrimis, pedunculis interpetiolaribus, uni v. rarius
multifloris, sæpius cernuis sæpissime bibracteolatis*; floribus violaceis, roseis v. albis.

Cyphea Lᴇᴍ., sub præsenti tabula. Cuphea Jᴀᴄǫᴜɪɴ, *Hort. Vindob.* II, 83, t. 177; Cᴀᴠᴀɴɪʟʟ. *Ic.*, t. 380-382;
S.-Hɪʟᴀɪʀᴇ, *in Mem. Mus.* II, 37, t. 4, f. 26-28; Kᴜɴᴛʜ, *in Humb. et Bompl. Nov. gen. et sp.* VI, 196, t.
550-552, *Bot. Mag.*, t. 2201, 2580; *Bot. Reg.*, t. 352; Hᴏᴏᴋᴇʀ, *Exot. Flor.*, t. 464; DC. *Prodr.* III, 83;
S.-Hɪʟᴀɪʀᴇ, *Flor. Brasil.* III, 94, t. 182-185. Cuphæa, Melanium et Parsonsia P. Bʀᴏᴡɴᴇ, *Jam.*, 217 et 199,
t. 24, f. 2. Melanium et Cuphæa Sᴘʀᴇɴɢᴇʟ, *Syst.* II, 454. Balsamona Vᴀɴᴅᴇʟʟɪ, *in Romer script.* 110. t. 4.
Melvilla Aɴᴅᴇʀs, *msc.* Duvernaya Dᴇsᴘ., *msc.* Banksia Dᴏᴍʙᴇʏ, *msc.*

Eɴᴅʟɪᴄʜ. *Gen. pl.* 451.

CARACTÈRES SPÉCIFIQUES.

C. strigulosa Kᴜɴᴛʜ, in Hᴜᴍʙᴏʟᴅᴛ et Bᴏᴍᴘʟ., *Nov. Gen.* VI, 161 (grande édit.) et *Synops* III, 457. Caulibus
fruticosis, ramis calycibusque viscoso-hispidulis; *foliis* ovato-oblongis, utrinque acutis viscosis supra glabris subtus strigoso-scabris; *floribus* interpetiolaribus, alternis; *petalis* subæqualibus; *ovario* suboctospermo.

Iᴅ. *l.* 2.

La jolie petite plante dont il s'agit n'a pas encore été appréciée selon son mérite. Quelques
personnes l'ont critiquée, d'autres l'ont même entièrement rejetée de leurs collections sans en
avoir sans doute suffisamment expérimenté la culture. Nous venons, pour notre compte, réhabiliter une espèce qui certainement ne mérilait pas cette répulsion. Nous devons dire même que
la figure ci-contre, qui n'en représente qu'un rameau, est loin de rendre le gracieux aspect
que forme l'ensemble compacte de ses nombreux rameaux effilés, couverts de plusieurs centaines
de fleurs, d'une forme et d'un coloris tout à fait originaux. Rien en effet de plus curieux que ces

---

(1) C'est à tort, comme on le voit par l'étymologie, que Patrick Browne a écrit *Cuphea.*

petits pétales d'un pourpre foncé placés sur le calyce comme autant de petites mouches sur une fleur !

Elle a été découverte par le célèbre voyageur et botaniste Humboldt au pied des Andes de Quindiu, à une hauteur de 350 mètres, auprès d'Ibague, fleurissant en octobre.

Les tiges en sont suffrutiqueuses, dressées ou subprocombantes ; les rameaux opposés (l'un des deux abortif) cylindriques, allongés-effilés, subpourprés, scabres, couverts de poils rudes et subvisqueux. Les feuilles sont opposées, très brièvement pétiolées, ovées-oblongues, aiguës aux deux extrémités, très entières, rigides, un peu visqueuses, glabres en dessus, rugueuses, strigueuses en dessous ; à veines parallèles, proéminentes en dessous, et subpourprées ; elles sont longues d'environ deux centimètres sur quinze millimètres de large. Fleurs très nombreuses, solitaires, alternes, disposées en grappes, et longues de plus d'un centimètre, portées sur de courts pédoncules.

Calyce tubuleux, courbe et gibbeux-calcarifère à la base ; à limbe amplié, duodécimlobé et plissé, costé-nervé, d'un jaune orangé, scabre et visqueux ; lobes ou dents aiguës, bisériées, dont les extérieures 1-2 sétifères au sommet. Pétales 6, sessiles, insérés entre les dents intérieurs du calyce, très petits, subégaux, oblongs, glabres, d'un pourpre foncé. Étamines 11, unilatérales, ascendantes, insérées à la gorge du calyce, inégales et subexsertes ; anthères linéaires-oblongues, échancrées aux deux extrémités, dorsifixes, biloculaires. Ovaire supère, sessile, obliquement oblong, muni à la base d'une glandule charnue, réniforme, uniloculaire, à placentaire excentral, continu avec le style au moyen de deux filaments capillaires, et dilaté à sa base en un disque semi-circulaire. Ovules 8, dressées, stipités, sublenticulaires. Style droit, filiforme, glabre, inclus ; stigmate obtus. Fruit elliptique, couronné par le style persistant, indéhiscent ; graines lenticulaires, ponctuées, lenticulées, fixées à l'axe central.

Ch. L.

Dès son entrée dans le monde, cette petite plante a bien souffert. Arrivées du Mexique dans un humble sachet, ses graines ont été semées sous l'inflence d'une grande chaleur, et le jeune plant qui en est provenu a continué d'être soumis à une température élevée. On a dit : Cette plante est du Mexique ; *donc* il faut la tenir en serre chaude. — De là des tiges d'une longueur démesurée, ... des feuilles jaunâtres, des fleurs grêles et décolorées, enfin une végétation anormale et étiolée. — Les seconds acquéreurs l'ont traitée de même ; et, en présence d'un résultat aussi mauvais qu'inévitable, ils lui ont fait une réputation *de bonne à rien.*

Cet arrêt était aussi injuste qu'immérité. En effet, qu'on la lance en pleine terre l'été (vers la mi-mai) ; qu'on lui ménage dans un parterre bien exposé au soleil une petite place formée de moitié bon terreau de couche et moitié terre ordinaire de jardin, qu'on lui prodigue l'eau pendant les sécheresses, qu'on ait soin d'en pincer les jeunes pousses, et l'on verra si la *Cyphœa strigulosa,* qui, ainsi traitée, se couvrira de fleurs jusqu'aux gelées, n'est pas une précieuse acquisition. Remarquons en outre que, croissant à l'air libre en plein soleil, elle occupe là une place où beaucoup d'autres petites plantes ne pourraient subsister.

Aux approches de l'hiver, on la relève pour la rentrer en orangerie, en prenant garde de ne l'arroser que très modérément. Là elle perd ses feuilles, mais ses petites tiges se maintiennent fort bien.

On peut aussi la cultiver en pot. A cet effet on la rempote en avril ; on la tient près des jours, et on a soin de pincer le sommet des jeunes pousses. Le résultat d'un tel traitement est un fort bel exemplaire qui, l'année suivante, à l'époque de sa floraison, forme le plus joli buisson qu'on puisse voir, et dont les milliers de fleurs se succèdent pendant des mois entiers.

Quant aux Cyphées cultivées en pleine terre, on a l'habitude, à l'approche des gelées, de les y abandonner pour les remplacer, au printemps suivant, par de jeunes plantes élevées de boutures l'année précédente.

Nous devons avouer qu'au commencement du long et dur hiver que nous venons de subir, nous n'avons pas observé jusqu'à quel point l'action de la gelée s'est fait sentir sur cette plante ; mais nous nous proposons de faire l'hiver prochain à ce sujet diverses expériences.

Nous pouvons toutefois déjà informer nos lecteurs que dans la petite bâche à panneaux mobiles où nous l'avons fait hiverner avec les *Petunias*, les *Fuchsias* et les *Verveines*, elle y a supporté— 3° R. sans s'en ressentir.

On la multiplie facilement de graines et de boutures. Les graines doivent en être semées au printemps sur couche et sous châssis, et les boutures faites sur couche tiède et sous cloche à la même époque, ou à froid pendant l'été.

L. VH.

ACHIMÈNE A FEUILLES PANACHÉES.
ACHIMENES PICTA.

Étym. Voy. ci-dessus, p. 24.

Gesneriacées, tribu des Gesnériées-Beslériées. — Didynamic-Angiospermie.

CARACTÈRES GÉNÉRIQUES.

Vide ut supra, p. 24.

CARACTÈRES SPÉCIFIQUES.

Achimenes picta BENTHAM, *Msc. Tota hirsuta, foliis* oppositis ternisque cordato-ovatis grosse serratis velutino hirsutis elegantissime albo pictis; *pedunculis* solitariis v. binis axillaribus folio longioribus unifloris; *calycis* tubo turbinato laciniis ovatis patentibus; *corollæ* tubo infundibuliformi, limbi lobis rotundatis patentibus subæqualibus 3-inferioribus minoribus; ovario hirsuto vix calyce adnato; glandulis hypogynis-5. HOOK. *l. infra cit.*

« Cette plante est l'une des plus splendides qui aient été introduites du Mexique par la Société d'Horticulture de Londres, et c'est, depuis *sa dispersion* par cette utile corporation, l'un des plus grands ornements de nos serres chaudes pendant l'automne et la première partie de l'hiver. Rien ne saurait surpasser la beauté de son feuillage, quand on considère soit son velouté et la teinte orangée de sa pubescence, soit le riche vert du fond, contrastant avec le blanc de lait des macules et des nervures réticulées. Les fleurs ne manquent pas non plus de charmes; elles sont nombreuses, quoique solitaires, jaunes, largement teintes et ponctuées de rouge, et sortent de l'aisselle des feuilles supérieures. Elle paraît appartenir plutôt aux *Gesneria* qu'au genre *Achimenes*. Par le port, elle est très voisine de la *Gesneria zebrina.*

» DESCRIPTION. Racines formées de nombreux tubercules allongés, squameux, vermiculiformes (1). Tiges dressées, mais peu ramifiées, herbacées, succulentes, hautes de 30 à 60 centimètres, couvertes, ainsi que toutes les autres parties de la plante, y compris l'extérieur de la corolle, de poils assez longs et étalés; feuilles opposées ou ternées-verticellées, pétiolées, ovées-cordées, dentées, d'un riche vert velouté, taché et reticulé de blanc ou de vert pâle, quelquefois très blanches au milieu. Pédoncules uniflores, sortant solitaires ou géminées de l'aisselle des feuilles supérieures et beaucoup plus longues qu'elles. Fleurs nutantes, modérément grandes; calyce presque entièrement libre, à tube obconique ou turbiné, dont les segments oblongs-ovés, étalés. Corolle d'un jaune décidé en dessus, d'un beau rouge en dessous, striée et ponctuée de rouge en dedans; à tube infundibuliforme, gibbeux en dessus; à limbe étalé, formé de cinq lobes presque égaux, dont les deux supérieurs cependant plus petits. Ovaire ové, velu, entouré à la base de cinq glandes charnues, oblongues. Style épais, inclus (ainsi que les étamines; stigmate bifide. »

(Traduit du *Bot. Mag.*, t. 4126.)

Cu. L.

CULTURE. (Voyez page 25.)

_____

(1) *Caterpillar-like* (in textu !) en forme de chenille.

Dumênil sc.

Achimenes picta, Benth.

Rhododendron Gibsonii, Hortul.

ROSAGE DE GIBSON.

RHODODENDRUM GIBSONIS.

ÉTYM. Voyez p. 12.

Éricacées, tribu des Rhododendrées. — Décandrie-Monogynie.

CARACTÈRES GÉNÉRIQUES.

V. ci-devant, p. 12.

CARACTÈRES SPÉCIFIQUES.

R. Gibsonis. Suffrutex erectus, cortice brunneo squamis secedente *; ramulis*, petiolis foliisque brunneo maculatis *; foliis* ovato–lanceolatis, apiculato-recurvatis ciliatis supra villosis subtus albidis glabris, junioribus purpureis *; floribus* maximis odoratis, albidis, roseo tinctis, lobo supremo macula crocea punctis brunneis sparsa notato.

R. Gibsonis PAXTON's *Mag. of Botany*, 1841, t. VIII, p. 217, cum ic.

Cette superbe plante, qu'avec M. Paxton nous n'hésitons pas à regarder comme une espèce distincte, a été découverte sur le sommet des monts Khoseea, dans les Indes orientales, à une hauteur d'environ 3,500 mètres, par M. J. Gibson, qui l'envoya en 1837 au duc de Devonshire. Le célèbre jardinier de ce noble et généreux amateur de plantes a voulu rappeler les services rendus par ce voyageur à la cause de l'horticulture, en lui dédiant une plante aussi méritante.

Par son port et la nature de son feuillage, on la prendrait volontiers pour une Azalée de l'Inde, tandis que par ses fleurs, ses étamines et la macule du lobe supérieur de la corolle, elle appartient aux vrais *Rhododendrums*.

C'est un sous-arbrisseau dressé, rameux, à écorce d'un rouge brun tombant par écailles dans la vieillesse des rameaux; à ramules maculées de brun ainsi que les pétioles et les feuilles.

Les feuilles sont ovées-lancéolées, brièvement atténuées-apiculées et recourbées au sommet, ciliées, velues en dessus (poils bruns), maculées de brun, glabres et blanchâtres ou cendrées en dessous; les plus jeunes teintes d'un pourpre obscur. Les pétioles sont courts, ciliés, canaliculés en dessus, arrondis en dessous.

Fleurs très grandes, blanchâtres, légèrement lavées de rose, très agréablement odorantes, disposées au sommet des rameaux (deux par deux selon la figure). Tube infundibuliforme, renflé-costé vers la base; limbe très ample, étalé, régulier, à lobes égaux (d'après la figure!), profonds, subonguiculés, faiblement ondulés-réfléchis aux bords, échancrés-bilobulés au sommet, creusés-plissés au milieu en dessus, comme carénées en cet endroit en dehors, et là lavés faiblement de rose, le supérieur occupé vers sa partie basilaire par une large macule d'un jaune d'ocre, parsemée de petites taches brunes. Étamines subdivariquées-déclinées; filaments filiformes, blancs; anthères brunes; style décliné, ascendant, exsert, beaucoup plus long que les étamines; stigmate arrondi-capité!

CH. L.

Ce Rhododendrum ne sera pas de pleine terre; il ne se contentera peut-être même pas de nos froides orangeries. Il aimera, pensons-nous, à être cultivé de pair avec notre *Azalea indica la-*

teritia, et ses sous-variétés *variegata* et *Gledstanesii*, qui en hiver réclament, pour prospérer, un local intermédiaire, une bonne serre tempérée et bien aérée; et, pendant l'été, privation de soleil, place humide, au nord, en plein air. Quant à sa multiplication, elle paraît facile de boutures. Il se greffera sans doute sur le *R. ponticum;* jusqu'ici l'*Azalea indica phœnicea* a servi de sujet.

Nous reviendrons ailleurs sur la culture de cette plante aussitôt que les expériences auxquelles nous nous livrons à son sujet nous montreront quelque chose de concluant.

L. VH.

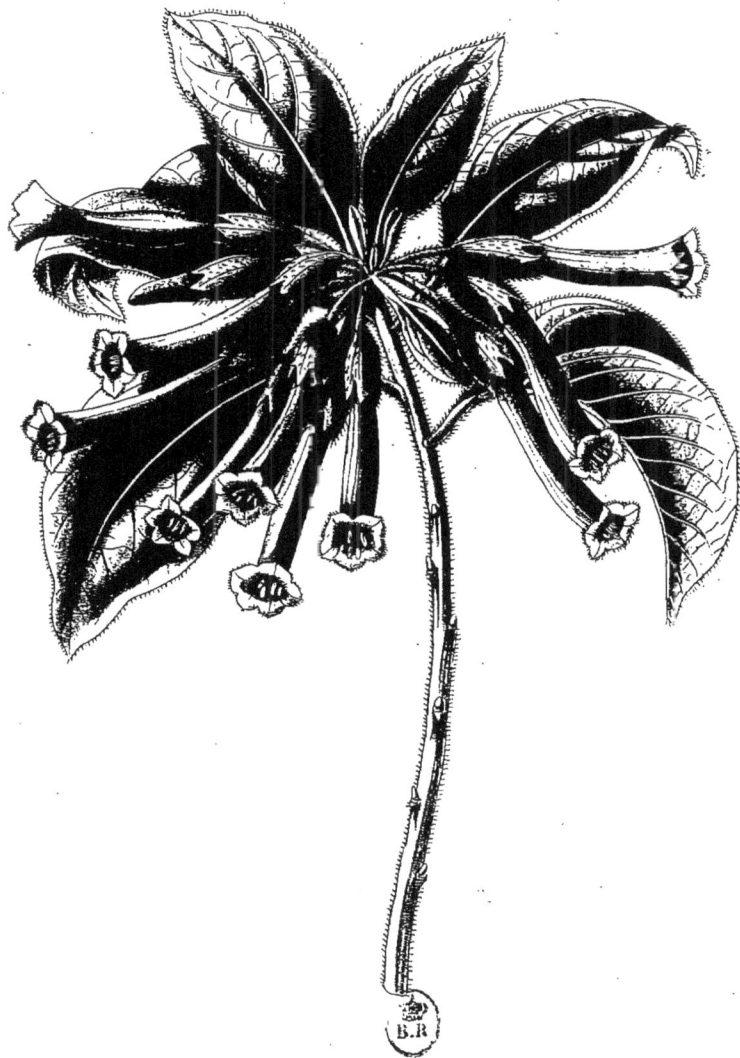

Dumenil sc   W. Remond imp

Iochroma tubulosa, Benth.

IOCHROME A FLEURS TUBULÉES.
IOCHROMA TUBULOSUM.

ÉTYM. ἴον, violette (fleur) ; χρωμα (τό) couleur.

Solanacées, § Solanées.

CARACTÈRES GÉNÉRIQUES.

Calyx ovato tubulosus subinflatus 5-dentatus. *Corolla* tubulosa v. tubo longo infundibuliformis, limbo plicato 5-dentato v. 5-fido. *Stamina* 5, corolla paulo breviora, prope basim tubi inserta. *Antheræ* oblongæ, loculis longitudinaliter debiscentibus. *Ovarium* biloculare placentis a dissepimento (sectione transversali) stipitatis bifidismultiovulatis. *Stylus* apice clavato capitatus emarginatus v. brevissime bifidus crassiuscule stigmatosus. *Bacca* indebiscens calyce inclusa, pulpa tenui. Semina numerosa compressa orbicularia v. reniformia. *Embryo* curvatus ! — *Frutices ecuadorenses tomentosi v. pubescentes.* Folia *alterna petiolata ovata v. oblonga interna.* Cymæ *paucifloræ sessiles v. breviter pedicellatæ primum terminales mox laterales.* Corollæ *cyanœœ speciosæ.*

Iochroma BENTH. in litt.

ID. in litt.

CARACTÈRES SPÉCIFIQUES.

J. *Foliis* ovatis; *calyce* (4-lineari) : *corolla* 3-4-plo breviore, corolla tubulosa brevissime 5-dentata.
Habrothamnus cyaneus LINDL. in Bot. Reg. 1844, *Misc.* 68.

La plante représentée ci-contre est un bel arbrisseau, d'une floraison abondante et facile, à feuilles décidues, s'élevant à 1 mètre et demi de hauteur. Il croît naturellement sur les montagnes d'Yangana, près de Loxa, où il a été découvert par M. Hartweg. Ses fleurs se sont montrées pour la première fois en Europe dans le jardin de la Société de Kew, en août dernier.

M. Lindley l'avait d'abord fait connaître (*l. c*) sous le nom d'*Habrothamnus cyaneus*; mais M. Bentham (*l. c.*), considérant que la corolle de cette plante affecte une estivation différente de celle des *Habrothamni*, que son fruit est pulpeux, et non une capsule sèche (d'après M. Hartweg), caractères qui l'éloignent des Cestrinées pour le rapprocher des Solanées vraies, en fait le type d'un nouveau genre (*l. c.*) auquel viennent se réunir deux autres espèces découvertes également par M. Hartweg dans l'Amérique équatoriale.

Ces dernières sont ainsi dénommées et caractérisées par M. Bentham :

« *I. calycinum* : foliis *elliptico-oblongis*, calyce *maximo* (pollicari); basi *inflato hinc demum breviter fisso*, corolla *tubulosa brevissime 5-dentata.* Croît dans les bois de Guayom (n° 1312, collection Hartweg).

» *I. grandiflorum* : foliis *lato-ovatis*, calycis (4-linearis) *corolla tubo 3-4plo breviore*, corollæ *infundibuliformis limbo late 5-lobo.* Croît sur les monts Saragourou (n° 814, collection Hartweg). »

CH. L.

(Extr. du *Bot. Reg.*, t. 20. 1845.)

CULTURE. — Cette belle espèce appartient à la catégorie des plantes dites *de serre tempérée.* On peut, si l'on veut jouir de tout l'effet qu'elle peut produire, la livrer à la pleine terre pendant toute la belle saison pour ne la relever que vers la fin de septembre ou le milieu d'octobre. Culti-

5

vée ainsi dans un sol riche et un peu profond , elle développe souvent trente fleurs et plus à cha-cune de ses nombreuses cymes. Elle demande de copieux arrosements pendant l'eté ; un sol com-posé par parties égales de terre franche et de terre de bruyères, auxquelles on ajoutera un quart environ de la masse totale de bon terreau de couche bien consommé.

Vers le milieu de mars , ou mieux encore après sa floraison (qui a lieu de juillet en octobre), il faut la rabattre un peu court , pour l'obliger à émettre de nombreux rameaux , dont chacun se terminera par une cyme florale.

On la multiplie facilement de boutures coupées sur le jeune bois à demi-aoûté , et qu'on tient sous cloche et dans une couche un peu chaude. Ces boutures reprennent promptement et ne tar-dent pas à fournir de beaux individus. Il est probable en outre qu'on pourra bientôt en obtenir des graines, du semis desquelles pourraient naître quelques intéressantes variétés.

L. VH.

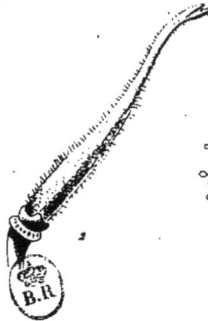

Chirita sinensis, Lind.

CHIRITE DE LA CHINE.
CHIRITA SINENSIS.

Etym. χειρίς, ίδος, gant. Allusion à la forme tubulée des fleurs, dans lesquelles l'auteur du genre
a vu les *doigts d'un gant.*

Cyrtandracées, tribu des Didymocarpées. — Didynamie-Angiospermie.

CARACTÈRES GÉNÉRIQUES.

Chirita. Calyx tubulosus sub 5-gonus 5-fidus, lobis per æstivationem subvalvatis. *Corolla* basi tubulosa superne
ventricosa campanulata, limbo 5 lobo bilabiato, lobis subrotundis. *Stamina* 2 antherifera, 3-sterilia minima;
antheræ reniformes nudæ superne cohærentes 1-loculares. *Ovarium* siliquosum. *Stylus* 1; *stigma* bipartitum,
lobis oblongis. *Capsula* siliquæformis bilocularis stylo terminata bivalvis septo valvulis adnato bipartito. *Semina*
numerosa minuta calva subulata. — Herbæ *perennes hirsutæ nepalenses (presenti sinense!*). Caules sim-
plices. Folia opposita sæpius disparia et basi vix inæqualia petiolata serrata. Pedunculi *axillares oppositi bibracteati sæpius 1-flori. Corollæ magnæ rubræ, aut flavæ* (in præsenti *lilacinæ*).

Chirita Ham. in Don, *Prodr. Fl. nep.* 89.
Chirita G. Don, *Gen. syst. Gard.* et *Bot.* IV, 659.
(Chirita Buchanan., *sec.* Lindley l...)
R. Brown in Horsf., *Pl. Jav.,* 116.

Alph. DC. *Prodr.* IX. 268 (exceptis) (1).

CARACTÈRES SPÉCIFIQUES.

C. acaulis. *Foliis* pilosis oblongis obtusis crenatis in petiolum angustatis; *pedunculis* erectis subbifloris (1);
corollæ laciniis obtusis, callis duobus linearibus in labium inferius altero lato obtuso in superius; *antheris*
imberbibus.

Chirita sinensis Lindl., *Bot. Reg.* t. 59, 1844.

Charmante petite plante rapportée par M. Fortune pendant un voyage en Chine, entrepris pour
le compte de la Société royale d'Horticulture de Londres, dans le jardin de laquelle elle est arrivée *toute fleurie*, dans une caisse à la Ward.

M. Lindley (*l. c.*), en rapportant ce fait, prend soin de déclarer que, n'ayant pas eu occasion
d'en examiner les fleurs, il est obligé, pour les décrire, de s'en rapporter à l'exactitude de l'artiste. Heureusement l'habile Mlle Drake s'est acquis sous ce rapport une réputation méritée.

La *Chirita sinensis* est acaule et a entièrement le port d'une *Gloxinia*. Ses feuilles sont opposées, souvent inégales, ovales-oblongues, obtuses, crénelées, glanduleuses-poilues, ciliées; elles
sont traversées par une nervure médiane robuste, de laquelle, à leur base, le limbe décurrent,
en se rétrécissant, forme un pétiole court et très épais, arrondi en dessous, plan sub-canaliculé
en dessus.

Leur face supérieure, d'un vert foncé, est marqué de veines immergées; l'inférieure, plus pâle, est relevée de nervures saillantes bifariées. Les pédoncules sont axillaires, dressés, courts,
poilus, rougeâtres, et se divisent au sommet, muni de deux bractées linéaires et ciliées, en deux ou
trois courts pédicelles. Fleurs grandes, belles, d'un lilas vif au limbe externe et à la base du tube, plus pâle dans les autres parties, blanches intérieurement. Calyce très court, de cinq lacinies
linéaires. Tube floral légèrement arqué en dessus au milieu, renflé-ventru vers sa base en des-

(1) In figura Lindleyano pedunculi duo adsunt et triflori.

sous et au sommet, subcontracté en dessous également vers ce point; limbe bilabié : les deux lobes de lèvre inférieure égaux, plus grands, arrondis, défléchis. On remarque sur celle-ci un double cal, linéaire allongé, d'un orangé vif, et sur celle-là un autre plus court, plus gros, arrondi d'un côté, bifide-aigu de l'autre, et de la même couleur que le précédent. Étamines 4, dont les deux fertiles plus longues, fixées à la lèvre supérieure ; à filaments fortement coudés au dessus de leurs bases, velus ; ceux des deux étamines stériles beaucoup plus courts, arqués ; anthères fertiles, à lobes réniformes. Style (ovaire) siliculiforme-allongé, obsolètement tétragone, velu, glanduleux, ceint à la base d'un disque annulaire, unidenté de chaque côté ; stigmate continu, bifide. Placentaires 2, multiovulés, fixés à la paroi par un pédicule contourné.

Cn. L.

EXPLICATION DES FIGURES.

Fig. 1. Corolle ouverte. — Fig. 2. Style ovairien. — Fig. 3. Section horizontale de l'ovaire.

CULTURE. — Les *Chirites* (car il faut espérer que nous en connaîtrons bientôt plus d'une espèce) sont les Gloxinies de l'ancien monde ; c'est dire par là qu'elles offrent l'agréable port et la splendeur florale qui caractérisent ces dernières à un si haut degré.

Comme elles également, les Chirites se multiplient avec facilité d'éclats du pied, de boutures des feuilles, etc. Elles présentent toutefois cette différence capitale que leur rhizome, au lieu d'être un tubercule, est composé de racines fibreuses, dont la conservation en hiver demande quelques précautions. Dans ce but on tiendra en cette saison la *Chirita sinensis* dans une bonne serre tempérée, sur une tablette bien exposée à la lumière. On ne l'arrosera qu'en cas de nécessité, et on aura bien soin, pour n'en pas causer la pourriture, de n'en point mouiller le feuillage pendant toute la mauvaise saison Durant cette période la plante devra jouir d'un repos presque complet, et pour cela on évitera de la rempoter en automne, ce qui solliciterait inopportunément le travail des racines ; mais au premier prinptemps on lui donnera une bonne terre mélangée ; on l'arrosera peu à peu selon l'état de l'atmosphère, et bientôt son abondante et riche floraison viendra récompenser l'horticulteur de ses soins intelligents.

L. VH.

Penistemon crassifolius, Lind.

PENTASTEMON A FEUILLES ÉPAISSES.

PENTASTEMON CRASSIFOLIUS.

ETYM. πεντέ, cinq ; στέμων , filament ; en composition les Grecs écrivaient πεντά, d'où l'obligation pour les modernes d'écrire *Pentastemon*, et non *Pentstemon* et *Penstemon.*

Scrophulariacées , § Digitalées. — Didynamie-Angiospermie.

CARACTÈRES GÉNÉRIQUES.

Pentastemon. *Calyx* quinquepartitus. *Corolla* hypogyna tubo teretiusculo, fauce subinflata, limbi bilabiati labio superiore emarginato bilobo, inferiore trilobo nudo v. basi barbato. *Stamina* corollæ tubo inserta, quatuor didyna mana exserta. *Antheris* bilocularibus, loculis divaricatis, quintum anantherum. *Ovarium* biloculare placentis dissepimento utrinque adnatis multiovulatis. *Stylus* simplex, *stigma* obsolete bilobum. *Capsula* bilocularis septicide bivalvis, placentis adnatis. *Semina* plurima angulata aptera. — *Herbæ perennes in America boreali et tropica trans æquatorem indigenæ; foliis oppositis integerrimis v. serratis; pedunculis axillaribus et terminalibus paucifloris bracteatis in racemos v. paniculas dispositis ; corollis coccineis purpurascentibus v. violaceis.*

Pentstemon LHERIT., *Misc.*, LAMB. in LINN. TRANS. X., t. 6, et *alii* auct. *Dasanthera* RAFIN.

J   ENDLICH. *Gen. pl.* 8909.

CARACTÈRES SPÉCIFIQUES.

P. fruticosus glaber. *Foliis* obovato-lanceolatis integerrimis coriaceis subtus carinatis ; *racemis* terminalibus paucifloris secundis; *rhachi* hinc pubescente ; *calycis* glabriusculi laciniis ovatis acuminatis striatis ; *corolla* infundibularis glabra labii superioris laciniis ovatis obtusiusculis ; *inferioris* tripartiti lateralibus ovatis obtusis basi villosis intermedia abbreviata ; *antheris* villosissimis.

Pentstemon crassifolius LINDL., *Bot. Reg.*, t. 16, vol. XXIV.

Le monde savant ou horticole doit la connaissance de cette jolie plante à l'infortuné James Douglas (1) , qui la découvrit en 1837 sur la côte nord-ouest de l'Amérique , contrée riche en ce genre de végétaux. Elle est encore rare dans les jardins, où elle mérite une place distinguée.

C'est une plante suffrutiqueuse à la base , atteignant environ 30 à 40 centimètres de hauteur. Elle est glabre, à l'exception des anthères, qui sont très velues; des ramules, qui sont très légèrement pubescents, et des renflements poilus de la lèvre inférieure de la corolle. Les rameaux sont subligneux, rigides, divariqués, rougeâtres, et portent des feuilles obovées-lancéolées , très entières , coriaces, subcharnues, légèrement carénées en dessus, atténuées en pétiole, subobtuses au sommet. Sur les rameaux florifères , ces feuilles sont notablement plus courtes. Les fleurs sont grandes, subunilatérales, d'un beau lilas lavé de pourpre à la base, et disposées en grappes terminales , subpauciflores. La rhachide, les pédicelles (très courts), les bractées et les calyces, sont finement pubescents. Le calyce est court, renflé , à cinq lacinies inégales, dont les trois supérieures linéaires , les deux inférieures plus larges.

Le tube floral , légèrement renflé à la base et glabre , se resserre presque aussitôt pour se dilater ensuite peu à peu jusqu'au sommet ; il est arqué en dessus et presque droit ou à peine con-

---

(1) Tout le monde sait que le courageux et infatigable voyageur-botaniste James Douglas , qui par ses voyages dans le nord de l'Amérique, la Californie, etc., enrichit l'Europe de tant de plantes intéressantes, tomba dans une fosse creusée par les naturels pour prendre les buffles, et qu'il y périt sous les coups d'un de ces animaux qui y était tombé avant lui.

cave en dessous ; le limbe est étalé, ample, bilabié ; la lèvre supérieure est formée de deux lobes ovés, obtusiuscules, dressés ; l'inférieure de trois lobes également ovés, mais un peu plus grands, obtus, dont l'intermédiaire plus court. A l'entrée de la gorge, les trois lobes presentent une élévation arrondie, d'une teinte plus claire que le fond, et hérissée de petits poils. Les filaments staminaux sont grêles, nus, arqués par paires didynames ; les anthères arrondies, cunéiformes, hérissées de poils très ténus. Le style est allongé, grêle, plus long que les étamines, et se termine par un petit capitule papilleux, poilu. La 5e étamine, beaucoup plus courte que les autres, est ananthèse et velue vers le sommet.

Ch. L.

Culture. — Cette jolie espèce n'est pas autant répandue dans les jardins qu'elle le mériterait en raison de l'élégance de son port, du nombre et du joli coloris de ses fleurs. Aussi je puis en connaissance de cause en recommander la culture aux amateurs.

L'un des principaux avantages que présente cette plante est sa petite stature, qui permet de la placer au bord des massifs de plein air, dans lesquels on pourra en former de gracieuses bordures.

Comme elle est d'une consistance un peu plus ferme que ses congénères, sa multiplication demande un peu plus de précautions, en ce sens que pour le bouturage, par exemple, les sujets doivent être coupés à l'extrémité même des tiges, c'est à-dire que ces extrémités, même tout récemment développées, peuvent seules être bouturées. On peut opérer à chaud ou à froid, selon l'état de l'atmosphère et l'époque à laquelle on se décide à user de ce mode de multiplication (le printemps ou l'automne).

Le séparage des tiges, ou éclat du pied, doit être pratiqué de préférence dès les premiers jours du printemps ; on risquerait trop, par le motif que j'ai allégué plus haut, de perdre une touffe tout entière, en la divisant en automne. Une seule blessure aux rhizomes suffirait à cette époque pour amener la pourriture de toute la plante. Je conseillerai encore, pour plus de sûreté, d'en rentrer un individu en orangerie ; nos longues pluies de l'automne, et surtout celles de l'hiver, étant particulièrement funestes à cette belle espèce.

L. VH.

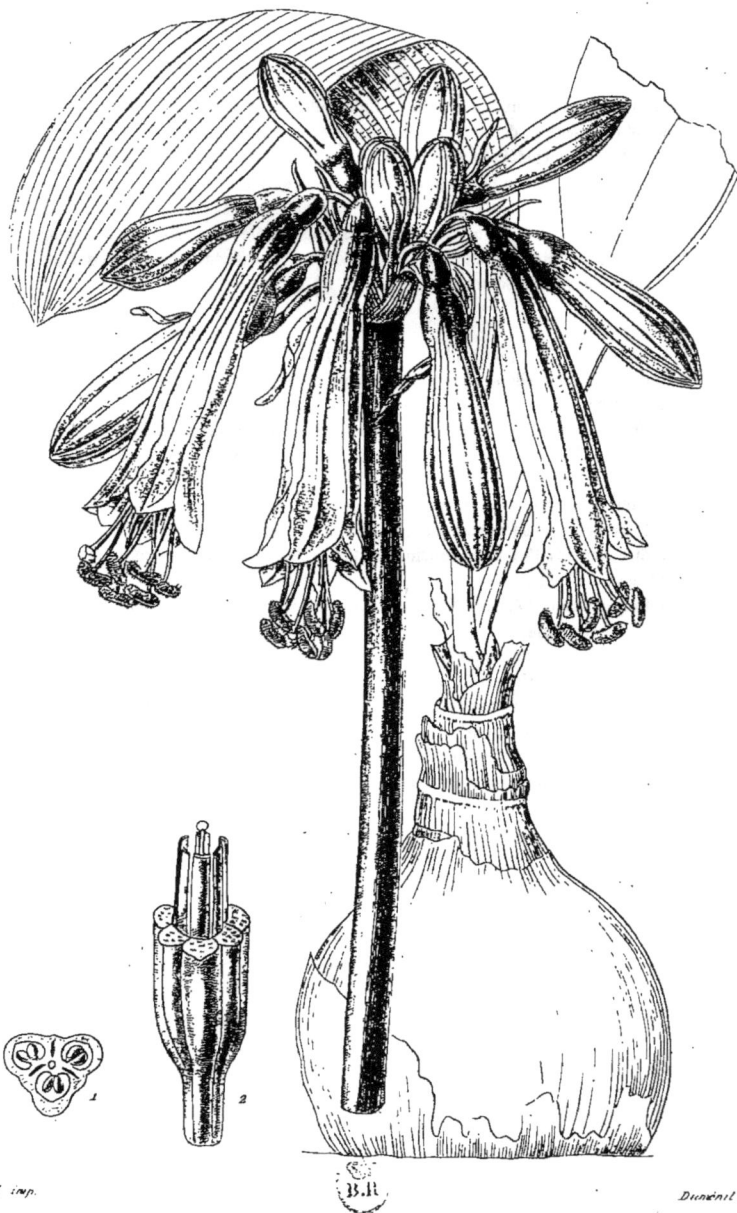

Phædranassa chloracra, Herbert.

PHÆDRANASSE A FLEURS VERTES AU SOMMET.
PHÆDRANASSA CHLORACRA.

Etym. φαιδρός, gai, embelli ; ἄνασσα, reine , princesse ! Allusion sans doute à l'aspect élégant de l'ensemble floral de la plante.

Amaryllidacées , tribu des Amaryllidées-Hippéastrées.

Hexandrie-Monogynie.

CARACTÈRES GÉNÉRIQUES.

Phædranassa. Germen deflexum trigone oblongum apice constricto. *Tubus* crassus decurvus latere inferiore breviore sexcostato compactus profunde sexsulcatus ore angustato. *Limbus* pendulus, laciniis spathulatis convolutis, sepalis inferne margine, fistulæ instar (1) convoluto superne lamina latiore. *Filamenta* complanata inferne gradatim latiora infra tubi faucem pariter inserta conspicue decurrentia recta, superiora tria breviora, inferiora producta. *Antheræ* breves versatiles infra medium affixæ. *Stylus* rectus ; *stigmate* simplici clavato. — Herbæ *americanæ bulbo ovato* ; scapo tereti crasse carnoso anguste fistulato ; foliis *hysteranthiis petiolatis.*

W. HERB., *Bot. Reg. Misc.* 23, 1845, et sub tab. 17, eodem anno.

CARACTÈRES SPÉCIFIQUES.

P. caule bipedali. *Umbella* circiter sexflora ; *spatha* bracteata marcescente ; *pedunculis* subæqualibus 5/8 7/8 unc., viridibus ; *germine* 5/16 unc., viridi ; *peranthio* ultra v. subbiunciali rubro, laminis viridibus margine pallido subundulato subacutis ; *stylo* perianthium , filamentis albis stylum album superantibus ; *antheris* pallide sublutei; *foliis* viridibus subacutis petiolo 1-2-unciali lamina subpedali circiter 2 3/4 uncias lata.

W. HERB., *l. c.*

Phycella chloracra W. HERB., Amaryll., 1551 *Hæmanthus dubius* HUMB. et BONPL. KTH. *Nov. gen. et sp.* L. 281.

Cette remarquable Amaryllidacée, à laquelle l'auteur anglais a cru devoir appliquer un nom générique si pompeux (voir l'étymologie), a été découverte par M. Hartweg dans le Pérou, aux environs du village de Saragourou, près de Loxa, à une élévation de 3,000 mètres environ au dessus du niveau de la mer.

Rangée d'abord, par l'auteur de la revue des Amaryllidacées, dans le genre *Phycella (Eustephia* CAV.), elle est devenue ensuite le type d'un genre nouveau, qu'il a créé après avoir fait l'examen d'un individu en fleurs. Il a pu s'assurer alors que ces fleurs étaient entièrement dépourvues des appendices squamiformes qui ferment la gorge de celles des *Phycellæ (Æustephiæ)*, caractère qui lui a paru suffisant pour séparer la plante observée de ces dernières, et en faire, comme comme nous venons de le dire, le type d'un genre distinct. Par son facies général cette plante nous rappelle assez bien les *Stenomessones (Chrisiphialæ)* et les *Pentlandiæ (Collaniæ)*, tandis que ses fleurs , par leur coloris et leur disposition , sont , quoique plus brillantes et plus amples , voisines de celles de la *Clivia nobilis.* Son bulbe et ses feuilles , en l'absence des fleurs, seraient d'une *Griffinia.*

L'Hæmanthus dubius d'Humboldt et Bonpland (*l. c.*), plante qu'on a recherchée depuis longtemps et qu'Herbert rapporte en synonymie à sa plante , semble plutôt être la *Phycella (Euste-*

---

(1) M. W. Herbert écrit *fistulæ formiter !* Nous n'avons pas osé consacrer ici une telle locution, qui, aux yeux d'un humaniste, serait un véritable barbarisme.

CH. L.

phia) obtusa LINDL. que celle dont il s'agit. Les deux premières ayant été trouvées dans la même localité, sur les rives desséchées du Guallabamba, vallée de San-Antonio, province de Quito, tandis que la dernière est du Pérou.

La *Phædranassa chloracra* est entièrement glabre ; son bulbe, de 6 à 7 centimètres de diamètre, est ové, tuniqué, atténué et terminé au sommet par les vestiges de l'ancienne foliation. Les nouvelles feuilles, au nombre de deux (?), sont postflorales, lancéolées-oblongues, subaiguës, atténuées-pétiolées, à nervation réticulée. Le scape, s'élevant à une hauteur d'environ 60 centimètres (ou plus?) est étroit, cylindrique, fistuleux, et se termine par une spathe multifide, marcescente, qui se déchire pour permettre le développement de dix ou douze fleurs (1), assez grandes, nutantes, à tube d'un beau rouge, mais vert au sommet (limbe) et à la base. Pédicelles subégaux, courts. Ovaire renflé-oblong, petit, trigone, et obsolètement unicosté dans chaque sinus, resserré au sommet ; tube périanthien d'abord renflé et vert à la base, puis bientôt resserré, faiblement dilaté ensuite, oblong, sex-sillonné, légèrement resserré de nouveau avant son épanouissement en limbe ; lacinies d'icelui ovées-aiguës (2), ondulées, réfléchies et plus pâles aux bords. Filaments staminaux plans, atténués-filiformes au sommet, blancs, exserts, plus longs que le style ; anthères versatiles, dorso-médifixes ; style filiforme, à stigmate simple, claviforme.

L'auteur ne dit pas que les fleurs soient odorantes.

CH. L.

EXPLICATION DES FIGURES.

Fig. Base des filaments soudés avec l'ovaire. — Fig. 2. Section transverse d'icelui.

CULTURE. — Dans le règne végétal, quelles autres fleurs égalent en splendeur florale les Amaryllidacées et les Liliacées ? Certes, une dénégation n'est pas possible ! Et cependant n'est-il pas surprenant de voir que ces belles plantes ne soient pas plus généralement cultivées ? Pourquoi ne pas les collectionner, comme on le fait pour les Camellias, les Pelargoniums, etc.? Est-ce que les plantes bulborhizes dont il est question ne sont pas de beaucoup supérieures pour la beauté et le coloris des fleurs aux plantes que je viens de citer? Je livre ces réflexions aux amateurs, qui, je l'espère, en feront leur profit et sauront réhabiliter des végétaux si méritants.

Comme la plupart des autres Amaryllidacées ou Liliacées, celle dont il s'agit demande un repos complet (en été), une siccité parfaite dès qu'elle a perdu ses feuilles. Il est bon à cet effet de la laisser plongée dans la même terre où elle a vécu ; ces plantes, en général, n'aimant pas à être dérangées. Mais au printemps suivant, au moment où elle montre signe de vie, on se hâtera de l'empoter dans une terre riche en humus, et on commencera à l'arroser, bien peu d'abord, puis chaque jour un peu plus, au fur et à mesure que sa hampe florale ou ses feuilles s'allongeront. On la multipliera aisément par la séparation des jeunes bulbes qu'elle produira à sa base, et probablement bientôt par les bonnes graines qu'elle ne saurait tarder à donner.

L. VH.

(1) L'auteur dit le scape 6-flore, et le fait représenter 11-flore! Nous avons suivi les errements de l'artiste, à l'exactitude de laquelle (Mlle Drake) nous croyons pouvoir nous fier en toute assurance.

(2) C'est sans doute la faute de notre intelligence, ou *celle de l'artiste, qui aurait mal vu, ou du copiste, qui aurait mal lu* (??); mais, en jetant les yeux sur la figure ci-contre, nous ne pouvons comprendre ce que dit l'auteur au sujet de ces lacinies. (Voir aux Caract. génér.)

Lycium fuchsioides. Hock.

LYCION A FLEURS DE FUCHSIA.
LYCIUM FUCHSIOIDES.

Étym. λύκιον, arbrisseau épineux, dont on tirait un suc par décoction, et inconnu aujourd'hui ; il croissait dans la Ανγία, contrée de l'Asie mineure. Linné a appliqué ce nom à un arbrisseau commun dans ce pays et type du genre.

Solanacées, tribu des Solanées. — Pentandrie-Monogynie.

CARACTÈRES GÉNÉRIQUES.

Lycium. *Calyx* urceolatus, æqualiter 5 dentatus v. irregulariter 3-5-fidus. *Corolla* hypogyna, infundibuliformis v. tubulosa, limbo 5-10-fido v. dentato, interdum plicato. *Stamina* 5, medio v. imo corollæ tubo inserta, inclusa v. exerta ; *antheræ* longitudinaliter dehiscentes. *Ovarium* biloculare, placentis dissepimento adnatis multiovulatis. *Stylus* simplex ; *stigma* depresso capitatum v. obsolete bilobum. *Bacca* calyce suffulta bilocularis. *Semina* plurima reniformia. *Embryo* intra albumen carnosum periphericus, hemicyclicus.— Arbusculæ v. *frutices, in regione mediterranea et in America tropica transandina crescentes, plurimi quoad seminis structuram nondum explorati, et fortassis olim e genere expellendi ; foliis alternis, integerrimis, interdum fasciculatis ; pedunculis extraaxillaribus aut terminalibus solitariis geminis v. umbellatis, rarius corymbosis ; corollis albidis flavescentibus roseis purpureis v. coccineis.*

Lycium Linn. *gen. n.* 262. Gartner II. 242. Kunth in Humb. et Bonpl. *Nov. et gen. sp.* III. 50. Schlechtend. *in Linnæa* VII. 68.

DIVISIO GENERIS.

a. **Eulycium.** *Calyx* urceolatus irregulariter 3 6-fidus. *Corolla* infundibuliformis, limbo 5-fido patente. *Stamina* exerta. — *Folia sparsa* ; flores *extraaxillares solitarii* v. *gemini.* (Gartner, t. 182. Schkuhr, t. 46. Sibthorp, *Flor. græc.* t. 236.)

b. **Lyciobatos.** *Calyx* urceolato-campanulatus, æqualiter 5-dentatus. *Corolla* infundibuliformis limbo 5-fido erecto. *Stamina* inclusa. — *Folia fasciculata*, flores *axillares subsolitarii.* (Miller, *Ic.* t. 171. f. 1.)

c. **Lyciothamnos.** *Calyx* urceolatus inæqualiter 5-fidus, v. 5-dentatus. *Corolla* tubulosa, limbo erecto plicato 5-10 dentato. *Stamina* subinclusa.— *Folia sparsa*, flores *subaxillares* v. *terminales fasciculato-umbellati.* (Humb. et Bonpl. *Plant. æquinoct.* t. 42.)

Endlich. *Gen. pl.* 3863.

CARACTÈRES SPÉCIFIQUES.

L. (Lyciothamnos) fruticosum inerme glabrum ; *foliis* oblongo-obovatis obtusis in petiolum brevem attenuatis ; *pedicellis* aggregatis axillaribus terminalibusque unifloris ; *floribus* nutantibus ; *calycibus* subcampanulatis 5-dentatis bilobis v. hinc fissis ; *corolla* tubulosa calyce ter longiore, limbo patento 5-dentato, dentibus minoribus interjectis ; *staminibus* inclusis ; *bacca* ovato-acuminata.

Lycium fuchsioides HB. Bonp. et Kth. *Pl. æq.* I. 147. t. 42.

« Plante introduite dans les jardins royaux botaniques de Kew, où elle a été élevée de graines envoyées par le docteur Jameson d'Azoques, dans les Andes de Quito, où les habitants s'en servent pour former des haies. Nous en avons sous les yeux en ce moment des échantillons desséchés, portant à la fois des fleurs et des fruits. Des fleurs à l'état parfait occupent la partie supérieure des branches, des fruits la partie inférieure ; circonstance qui nous permet de décrire ces derniers.

» La figure de cette plante (1) insérée dans les *Plantæ æquinoctiales* (l. c.) est bonne ; mais

---

(1) Elle a été trouvée à peu près dans les mêmes contrées (*locis subfrigidis regni quitensis, prope Delay, Cumbe et Cuenca ; alt.* 1,400 *hexap.*). (Note de l'auteur.)

les petites dents intermédiaires du limbe corolléen y ont été omises (à la vérité, il n'est pas facile de les remarquer dans les échantillons secs), et le fruit y est représenté comme une petite baie globuleuse. Cependant dans les *Nova Genera Pl. Amer.* cette même baie, sur l'autorité d'Humboldt, est décrite comme ovée; de sorte que nous ne saurions douter que notre plante soit identique avec la sienne. Elle fleurit ici pendant une grande partie de l'été, et l'on peut juger par l'inspection de notre figure qu'elle fait un très bel effet.

»Arbrisseau glabre ou presque entièrement glabre, inerme, s'élevant dans nos cultures à près de deux mètres de hauteur. Feuilles souvent fasciculées, obovées, ou presque ovales ou oblongues, très obtuses, entières, atténuées à la base en un court pétiole. Pédoncules agrégés, axillaires, ou supra-axillaires, ou terminaux, plus courts que les feuilles et uniflores. Fleurs amples, belles, nutantes. Calyce subcampanulé, quinquédenté, et se déchirant latéralement en deux lobes inégaux. Corolle trois fois aussi longue que le calyce, d'un écarlate orangé; tube allongé, presque droit; limbe modérément étalé, quinquédenté ou angulaire, avec une dent intermédiaire dans chaque sinus. Etamines insérées près de la base de la corolle; filaments inclus, velus à la base. Ovaire pyramidal obsolètement quinquélobé. Style aussi long que la corolle; stigmate capité. Baie (dans les échantillons indigènes) ovée, acuminée, partiellement couronnée par les déchirures calycinales. »

HOOK. *Bot. Mag.* t. 4149. 1845. (Trad.)

EXPLICATION DES FIGURES.

Fig. 1. Etamines.— Fig. 2. Pistil (fig. gross.). — Fig. 3. Capsule (gr. nat.).

CULTURE. — La section des Solanées à fleurs tubulées n'est pas très nombreuse, mais présente bon nombre de plantes fort intéressantes sous le rapport ornemental. Celle dont il est donné ci-contre une belle et exacte figure ne vient pas démentir cette assertion. Ses belles et nombreuses fleurs pendantes, d'un orangé vif et d'un jaune d'or intérieurement, en font un objet fort désirable pour décorer une serre tempérée.

Sa multiplication n'offre aucune difficulté, mais doit se faire sous cloche et à l'aide de la chaleur douce d'une couche. On coupera dans ce but les extrémités des jeunes pousses à demi aoûtées, en ayant soin d'en faire la section au point précis de l'insertion d'une feuille. Peu de jours après la radification aura lieu.

(Est-il besoin de rappeler que les boutures de quelques plantes que ce soit doivent être faites dans de très petits godets et dans un sable fin et pur : circonstances essentielles dont dépend en grande partie le succès de l'opération ! Les jeunes plantes enracinées sont ensuite changées de pots autant de fois que leurs racines en ont couvert les parois.)

Il est probable qu'on obtiendra bientôt des graines de cette élégante Solanée, dont le semis procurera de jeunes et vigoureux individus qui pourront servir de greffes à d'autres plus florifères.

L. VH.

Adona cœlestis, Lind.

ALONE A FLEURS BLEUES DE CIEL.
ALONA COELESTIS.

Etym. Anagramme de *Nolana*.

Nolanacées (? § Convolvulacées). — Pentandrie-Monogynie.

CARACTÈRES GÉNÉRIQUES.

Genus novum e *Nolana* depromptum , sed adhuc ab auctore incomplete determinatum. Etenim sic solummodo adscribit :
Corolla campanulata. *Ovaria* plura 1-6-locularia. *Nuces* v. Drupæ 1-6-loculares; seminibus paucioribus basi apertæ. — Plantæ *floribus conspicuis nunc fruticosæ terefoliæ, nunc* herbaceæ *planifoliæ* (1).

CARACTÈRES SPÉCIFIQUES.

A. *fruticosa* glabriuscula ; *foliis* teretibus fasciculatis ; *calycis* hirsuti longe pedunculati dentibus apice teretibus subæqualibus ; *corollæ* plicis pilosis ; *nucibus* quibusdam multilocularibus.
Alona cœlestis Lindl. *Bot. Reg.* t. 46. 1844.

A l'occasion d'une espèce de *Nolana*, élevée de graines recueillies sur les côtes du Chili et envoyées par M. Bridge à un horticulteur anglais, M. Lindley revit dernièrement le genre tout entier, qui se composait à peine d'une vingtaine d'espèces. Ayant remarqué entre elles des différences qui lui parurent déterminantes, il les répartit en cinq autres genres (2) qu'il caractérisa brièvement, se réservant de les définir plus tard sur le vivant d'une manière plus complète. Ces différences consistent surtout dans le nombre et la constitution régulière ou irrégulière des ovaires, le nombre des loges, la nature du fruit, etc.

Avant le travail provisoire du savant auteur anglais, le genre *Nolana* composait à lui seul, comme on sait, la petite famille des Nolanacées, extrêmement voisines des Convolvulacées, à la suite desquelles la rangent quelques auteurs et dont elle ne diffère guère que par la nature et la disposition du fruit. Quoi qu'il en soit, quand l'introduction toujours désirée de la plupart de ces plantes à l'état vivant en permettra un examen sérieux, les genres créés par M. Lindley pourront être soit adoptés en partie, soit divisés eux-mêmes, soit, encore, reportés dans quelques familles alliées : tant ces plantes offrent entre elles de différences tranchées et par conséquent de difficultés pour être déterminées et classées rationnellement.

Bien qu'elles abondent sur le littoral du Chili et du Pérou, et particulièrement aux environs de Coquimbo et de Valparaiso, on ne possédait dans les jardins que les *Nolana prostrata, tenella, paradoxa* et *atriplicifolia* (3), dont la première et la dernière survivent seules peut-être aujourd'hui dans nos cultures ; et bien encore que les voyageurs vantassent la grande beauté des espèces qu'ils rencontraient, celles que nous venons de nommer, quoique fort intéressantes, ne justifiaient pas entièrement ce qu'ils avançaient, quand enfin fut importée la plante dont il s'agit et dont nous venons de citer l'origine.

C'est un sous-arbrisseau paraissant atteindre un mètre de hauteur et former un buisson com-

---

(1) Plantas habitu tam diversas satis inter se differre ut generice serius distinguantur, quum adeunt melius cognitæ, non est improbabile.

Ch. L.

(2) *Nolana, Alona, Dolia, Sorema, Aplocarya* ; Lindl. V. l. c.
(3) A l'exception de la seconde, les trois autres sont annuelles.

pacte, à tiges cylindriques, succulentes, dressées, ramifiées, finement velues; à feuilles persistantes, sessiles, arquées légèrement en dessus, subcylindriques, subcanaliculées en dessous, fasciculées-éparses. Fleurs très grandes, tres belles, d'un bleu lilaciné en dedans, très pâle en dehors (6 cent. de diam.). Pédoncule solitaire, axillaire, subdressé, à peu près de la longueur des feuilles (2 ½ cent.) et velu comme les tiges. Calyce urcéolé-campanulé, velu, à cinq lacinies égales, lancéolées-linéaires, de la longueur du tube. Corolle campanulée-étalée, quinquéplissée, quinquélobée; lobes courts, arrondis, subondulés, mucronés au milieu (point convergent des plis); plis ternés, poilus, verdâtres Fruits nuciformes, dont quelques uns multiloculaires.

Par ses fleurs cette plante rappelle assez bien à l'esprit les *Ipomœa* ou les *Petunia*.

Il n'est pas indigne de remarque que de toutes les espèces d'*Alona* aujourd'hui connues (neuf) celles qui sont ligneuses ont des feuilles cylindriques, ou anguleuses, ou ligulées, très étroites enfin; tandis que celles qui sont herbacées ont des feuilles dont le limbe est plan et étalé. Toutes sont remarquables par la beauté de leurs fleurs, et il est bien désirable d'en voir bientôt l'introduction dans nos jardins.

Ch. L.

CULTURE. — Les grandes et belles fleurs de cette plante rappellent beaucoup par leurs formes celles des Petunias, ou encore celles de Convolvulacées. On n'en saurait guère voir de plus élégantes et d'un coloris plus gracieux, plus délicat. C'est une charmante addition à nos collections de serre tempérée.

La multiplication n'en est pas très facile, parce que tout d'abord la plante est de sa nature délicate et frêle, bien que les tiges en soient d'une consistance assez dure. On choisira donc pour les propager les plus jeunes rameaux, ceux qu'elle développe latéralement, et qu'on tiendra séparément dans de très petits godets, ou collectivement dans ces nouvelles petites terrines dont le centre est occupé par un autre vase renversé. On se servira de sable blanc de préférence à toute terre végétale, en le tenant légèrement humide; l'excès dans cette occurrence serait funeste aux jeunes plantes. Par cette raison aussi, on essuiera avec soin chaque jour, et plutôt deux fois qu'une, les cloches qui les couvriront On les placera sur une couche tiède.

En empotant les jeunes plantes, on aura grand soin de n'en point blesser les racines, et d'en laisser les vases pendant quelques jours encore sous cloche. Aussitôt qu'elles commenceront à végéter, on soulèvera les cloches, qu'on enlèvera bientôt tout à fait. Dans toutes les saisons on ménagera les arrosements, et ces plantes devront jouir d'une exposition où l'air et la lumière aient un libre accès.

L. VH.

Dipladenia atropurpurea. Alp. D.C.

Echites atropurpurea Lindl.

DIPLADÉNIE A FLEURS POURPRE-OBSCUR.

DIPLADENIA ATROPURPUREA.

ETYM. διπλοῦ, double; ἀδήν, glande.

Famille des Apocynacées, tribu des Echitées. — Pentandrie-Monogynie.

CARACTÈRES GÉNÉRIQUES.

Dipladenia. *Calyx* 5 partitus, lobis basi interne 1-2-glandulosis ; glandulis nunc ligulatis v. squamosis. *Corolla* hypocraterimorpha v. tubo basi cylindrico et superne infundibuliformi, circa originem staminum hispida ; *fauce* exappendiculata ; lobis æstivatione convolutis. *Antheræ* subsessiles in superiore parte tubi v. medio aut sub media parte ubi tubus latior fit insertæ, sagittatæ, medio stigmati adhærentes , apice acuminatæ v. membrana acuta terminatæ. *Glandulæ* nectarii 2, cum ovariis alternantes obtusæ singulæ e duabus connatis plerumque constantes, quinta glandula in Echite uno ex ovariis opposita deficiente. *Ovaria* 2, nectario sæpius longiora. *Stylus* 1 ; *stigma* globosum inferne membrana reflexa umbraculiformi (an semper?) stipatum. *Folliculi* et *semina* ut in *Echite*. — Frutices *scandentes v. sæpius suffrutices aut herbæ basi suffrutescentes erectæ, Americæ meridionalis incolæ*; foliis *oppositis integris sæpe angustis, utrinque basi setis glandulisve pluribus loco stipularum stipatis* ; pedicellis *axillaribus nunc in racemum terminalem approximatis, floratione centripeta* ; corollis *sæpius purpureis.*

ALPH. DC. *Prod.* VIII, p. 481.

CARACTÈRES SPÉCIFIQUES.

D. scandens glabra ; *foliis* ovatis acutis ; *pedunculis* bifloris axillaribus folio sublongioribus ; *pedicellis* tortis bracteolatis ; *lobis* calycinis lanceolato-acuminatis pedicello subbrevioribus, tubi corol'æ parte cylindrica triplo brevioribus; corollæ *tubo* infra medium infundibuliformi, lobis triangularibus undulatis patentissimis parte dilatata tubi subbrevioribus.

Dipladenia atropurpurea ALPH. DC. *l. c.*

Echites atropurpurea LINDL. *Bot. Reg.* t. 27. 1843, et in PAXTON's *Mag. of Bot.* 1842 (sic !). — E. glabra ; *foliis* petiolatis ovatis acutis; *pedunculis* biflo is axillaribus longioribus ; *sepalis* lineari ovatis ; *corollæ* glabræ *lobis* triangularibus undulatis patentissimis, disco biglanduloso.

LINDL. *l. c.*

On sait peu de chose de l'histoire de cette intéressante espèce , originaire du Brésil et importée en Angleterre il y a peu d'années. Il est regrettable que M. Veitch, horticulteur à Exeter, qui l'a reçue le premier et l'a présentée en fleurs à une des grandes expositions de la Société royale d'Horticulture de Londres , n'ait donné aucun détail à son sujet. Les grandes fleurs de cette plante, d'un coloris tout particulier et dont le pourpre sombre tranche avec le vert grisâtre du feuillage , en font une plante vraiment ornementale.

C'est un arbrisseau grimpant, entièrement glabre ; à feuilles brièvement pétiolées, ovales-elliptiques, acuminées, lisses et d'un vert luisant; les inférieures légèrement cordées à la base , les supérieures aiguës. Pédoncules axillaires, plus longs que les feuilles, biflores (et plus, selon M. Paxton) ; pédicelles bibractéolés vers le milieu, tordus sur eux-mêmes, lors de l'anthèse. Calyces petits, subcampanulés, à tube presque nul , à lobes lancéolés-acuminés, profonds, plus courts que les pédicelles Tube corolléen d'abord cylindrique, grêle, puis , un peu au dessous du milieu , dilaté-infundibuliforme, à lobes très amples, subtriangulaires, ondulés , très étalés-réfléchis. Etamines sagittées, conjointes au sommet, à filaments arqués, insérés à la partie tuméfiée du tube corolléen, dont elles interceptent la continuité ; ledit tube en cet endroit est couvert de poils denses (seule partie velue de la plante) et relevés (*ex figura lindleyana*). Ovaire pyramidé-conique. Style.... (ni figuré, ni décrit!)); glandules deux, subplanes-arrondies, appliquées, deux fois plus courtes que l'ovaire. Follicu es.....

Ch. L.

EXPLICATION DES FIGURES.

Fig. 1. Insertion staminale. — Fig. 2. Ovaire et glandes. (Figures grossies.)

CULTURE. — Chaque fois qu'un écrivain horticole est appelé à traiter de la culture d'une belle plante, c'est véritablement pour lui une bonne fortune ; et tel est le cas qui se présente en parlant de la *Dipladenia atropurpurea.*

C'est une plante volubile d'un effet réellement ornemental quand elle s'enroule sur les treillis ou autour des colonnettes d'une serre chaude, où elle ne tarde pas à fleurir d'une manière aussi franche qu'abondante.

Comme toutes ses congénères, sa multiplication ne présente point de difficultés. On la propage de boutures faites à l'étouffée et sur couche chaude, où elles ne tardent pas à s'enraciner. Il est mieux de les placer solitairement dans de petits godets que dans de petites terrines à pots renversés : celles-ci, comme on sait, ne sont avantageuses que pour la multiplication des plantes faibles et délicates, telles, par exemple, que les *Erica,* les *Epacris,* les *Boronia,* etc.

Il est essentiel pendant toute la belle saison de donner à cette Dipladénie de copieux arrosages et surtout de nombreux seringages, afin d'en éloigner les insectes qui l'attaquent assez volontiers. Enfin, si l'on veut jouir de tout l'effet qu'elle peut produire par une végétation luxuriante, on la plantera en pleine terre ; et l'on en conduira les sarments près des jours de la serre.

L. VH.

DIPLADÉNIE SPLENDIDE.

DIPLADENIA SPLENDENS.

ÉTYM. διπλοῦς, double ; ἀδήν, glande.

Apocynacées, tribu de Échitées. — Pentandrie-Monogynie.

CARACTÈRES GÉNÉRIQUES.

Vide supra, f° 45.

CARACTÈRES SPÉCIFIQUES.

D. (§ *Micradenia*) splendens. — *Frutex* scandens ; *caule* glabro ; *foliis* subsessilibus elliptico-acuminatis basi cordatis undulatis subtus præcipue pubescentibus ; *venis* elevatis crebris ; *racemis* axillaribus folio longioribus 4-6-floris ; *bracteis lobisque calycinis* subulatis ; *corolla* ampla glabra, parte angusta tubi lobis calycinis æquali , parte infundibuliformi duplo longiore ; *lobis* rotundatis subacutis tubum subæquantibus.

ALPH. DC., *Prodr.* VIII, p. 481 et 676.

SYNONYMIE.

Echites splendens HOOK. *Bot. Mag.* t. 3976.

Peu de plantes justifient aussi rationnellement que celle dont il est question le nom un peu ambitieux peut-être que leur impose un botaniste enthousiaste. Bien peu en effet, parmi les plantes grimpantes introduites dans nos collections, peuvent soutenir avec elle une comparaison sérieuse sous le rapport de l'ampleur, de la beauté, du riche coloris et du nombre des fleurs , enfin sous le rapport de l'élégance d'un ample feuillage.

Elle a été découverte au Brésil (cette vaste contrée, la plus riche peut-être du globe en végétaux de toutes sortes, sans cesse explorée et toujours inépuisable) par le zélé collecteur d'une maison d'horticulture anglaise, M. Lobb , qui la recueillit en 1841 dans les montagnes des Orgues. On s'étonne vraiment qu'une plante aussi *splendide* ait pu échapper aux recherches persévérantes des Gardner, des Martius, des Stadelmeyer, des Vauthier, des Langsdorff, des Burchell , des Lhotsky , des Guillemin , des Allan Cunningham, etc., etc.

Le docteur W. Hooker en a le premier donné, sous le nom d'*Echites splendens*, une description telle qu'on devait l'attendre d'une plume aussi savante , et une excellente figure dans le *Botanical Magazine* (*l. c.*) ; mais, en raison de la double glandule géminée-connée placée à la base du style, elle doit maintenant faire partie du genre *Dipladenia*, que vient de créer avec raison M. Decandolle fils (*l. c.*), botaniste qui soutient sans fléchir le poids de l'illustre renommée de son père. Ce rapprochement au reste a été indiqué par lui-même dans le tome VIII du *Prodrome*, dont le monde savant souhaite vivement la prompte continuation. Le nouveau genre a été établi aux dépens de l'*Echites* et en renferme les espèces pourvues du double appendice que nous venons de mentionner.

La *D. splendens* est un arbrisseau grimpant, qui paraît devoir acquérir dans son pays natal de grandes dimensions. Les rameaux en sont cylindriques , glabres, légèrement renflés aux articulations. Ils portent des feuilles opposées , distantes, amples, elliptiques-lancéolées , ondulées , subcoriaces, rugueuses, cordiformes à la base , presque sessiles, à nervation serrée, très enfoncée en dessus, réticulée. Elles sont en dessus d'un vert foncé et couvertes de quelques poils

7

courts assez rares; le dessous en est pâle, très pubescent, surtout sur les nervures. Elles sont enfin longues de 12 à 20 centimètres sur 3 ou 9 de large.

Les fleurs, dont le limbe étalé n'a pas moins de 7 centimètres de diamètre, sont au nombre de 4 ou 6 (1) sur chaque racème axillaire. Elles sont d'un rose superbe, devenant très foncé à l'entour de la gorge du tube, où cette riche teinte forme une sorte d'étoile. Pédoncules allongés, mais plus courts que les feuilles; bractées et lacinies calycinales semblables, très petites, linéaires, rougeâtres; les secondes réfléchies. Calyce très petit. Corolle à la fois infundibuliforme et hypocratérimorphe, à lobes très amples, arrondis, subaigus au milieu, ondulés; tube d'un blanc verdâtre, légèrement contracté vers la base. Étamines insérées précisément au dessus de cette contraction; anthères basifixes, bilobées-auriculaires à la base; à filaments presque nuls, très velus (poils fermant le tube). Style continu avec l'ovaire, canaliculé latéralement à la base; stigmate capité, à lobes réfléchis, velus au sommet (ad figuram!); glandules 2, chacune bilobée échancrée (en réalité 4).   Cn. L.

EXPLICATION DES FIGURES.

Fig. 1. Tube de la corolle entr'ouvert. — Fig. 2. Style (figures gros-ies).

CULTURE. — Quelques esprits froids ou blasés me feront sans doute, et bien souvent, un crime de parler de telle ou telle plante avec un enthousiasme qui chez moi découle de source, et qui chez eux ne saurait trouver d'écho. Ce crime, je le commettrai souvent, car mon enthousiasme est sans bornes pour les *belles plantes*, et je voudrais le faire partager à tous les amateurs, à tous ceux qui ont le sentiment du beau.

Ainsi, par exemple, comment se défendre de l'enthousiasme en présence d'une *Dipladenia splendens* dans tout le luxe de sa floraison!

Vingt, trente, quarante (que sais-je!) corymbes de larges fleurs d'un rose vif pendent avec grâce au dessus de votre tête; et quelles fleurs! Elles n'ont pas moins de 7 centimètres de diamètre, et exhalent une odeur suave; elles forment d'énormes bouquets, réunies au nombre de 7 à 10 par corymbe. Comme les longues tiges de cette splendide Asclépiadée s'enlacent élégamment autour de ces colonnettes! Comme ses amples feuilles opposées se découpent vivement par leur ton chaud et vigoureux sur le feuillage tendre des plantes environnantes, et sur l'azur du ciel, qu'elles laissent à peine entrevoir à travers les vitres de cette serre!

Un tel langage respire l'enthousiasme sans doute, la métaphore non! Il n'y a rien là qui soit exagéré! tout est littéral.

Et moi aussi, j'ai gravi et parcouru les montagnes des Orgues! Là j'ai pu, comme les voyageurs célèbres dont notre collaborateur a mentionné les noms, admirer cette puissante végétation, dont la juste appréciation échappera toujours à quiconque n'aura pas eu le bonheur de la voir dans ces contrées mêmes, si richement favorisées du ciel.

Dans ces montagnes grandioses, tout révèle à chaque pas le pouvoir du Créateur. Mille formes végétales se succèdent et récréent la vue, sans enfanter jamais la monotonie. Arbres gigantesques de toutes essences, Palmiers, Fougères en arbre, depuis l'humble mousse jusqu'au gigantesque Sapoucaya (*Bertholetia excelsa*) tout s'y mêle, tout y forme une sorte d'admirable chaos. Les parois des rochers, ailleurs tristes et dénudées, là se couvrent d'Orchidées, de Fougères, de Lianes mille fois enchevêtrées : réseau immense et serré, nœud gordien végétal que la hache seule d'un nouvel Alexandre voyageur peut trancher, et où brillent des milliers de fleurs diverses sur lesquelles l'œil se repose avec charme!

_____

(1) On en compte neuf dans le racème de la figure du *Bot. Mag.*

Là, sans cesse la vie dispute l'espace à la mort. Sur l'arbre tombé par son grand âge et dont une prompte dissolution va sous ces climats chauds réduire en poudre les fibres, se pressent et s'étouffent en foule les Broméliacées, les Aroïdées, et encore les Orchidées, puis les Lianes. Dans le dédale de leurs mille tiges entrelacées courent, rapides comme la flèche, des lézards aux vives couleurs, s'agitent des tribus de coléoptères aux brillants reflets métalliques.

Là, que de fois, tapi dans une caverne dont le revêtement m'abritait à peine, j'ai écouté en tressaillant les roulements prolongés de la foudre, répercutés cent fois par de formidables échos! Que de fois d'une mer de feux j'ai vu sortir du milieu de la pourpre et de l'or le soleil étincelant de lumière! Que de fois, me frayant un passage par le fer à travers les arbres pressés et m'appuyant contre un Jacaranda à l'aérien feuillage, j'ai pu, à plusieurs milliers de toises au dessus de la mer, contempler sous mes pieds la terre, et au loin le vaste Océan, incessamment sillonné par une multitude de navires, qui ne semblaient à mes yeux que d'humbles mouettes glissant sur la surface empourprée des flots! Oh! comme dans ces lieux tout est beau, tout est grand; grand comme la majesté de celui qui les créa!

Pendant plusieurs mois j'ai parcouru ces lieux enchantés, hélas! sans y rencontrer non plus la magnifique plante dont il est question, et qui, à mes yeux, sans doute comme à ceux de mes devanciers, dissimulait ses belles fleurs sous la profondeur du feuillage de ses sœurs Que j'eusse été heureux d'en doter le premier mon pays!

La *Dipladenia splendens* appartient à la serre chaude. Elle demande une terre très riche en humus, un peu compacte même, des arrosements et des seringages fréquents pendant toute la belle saison; arrosements qu'on diminuera peu à peu, en suivant la décroissance de la chaleur naturelle de l'atmosphère, sans l'en priver complétement pendant l'hiver, époque à laquelle on choisira, s'il est nécessaire de la mouiller, les jours les plus secs et les plus beaux.

Sa multiplication, pour n'être point difficile, demande cependant quelques précautions, en raison de la longueur des entre-nœuds caulinaires.

Cet habitus spécial oblige de ne point bouturer les extrémités mêmes des pousses. Elles seraient trop herbacées et pourraient pourrir. Il faut couper sur le bois demi-aoûté, en ayant soin de faire la section au point même de l'insertion des feuilles, qu'on retranche en entier à la base du pétiole, au nœud qu'on doit mettre en terre, et qu'on ne coupe que par la moitié à celui qui doit rester en l'air. Il sera bon, à cause de la longueur des boutures, de leur appliquer un tuteur pour les maintenir droites. Pour le reste, couche chaude, sous cloche, arrosements, aérification, etc, comme cela a lieu pour les boutures ordinaires.   L. VH.

WHITFIELDIE A FLEURS COULEUR DE BRIQUE.
WHITFIELDIA LATERITIA.

Étym. Thomas Whitfield, esq., voyageur botaniste.

Acanthacées, § Barlériées. — Didynamie-Angiospermie.

CARACTÈRES GÉNÉRIQUES.

W. *Calyx* amplus coloratus subinfundibuliformis basi bibracteatus profunde 4 5-fidus ; *laciniis* lanceolatis acutis erectis concavis lineatis ; *bracteæ* sæpissime coloratis majusculis oppositis obovatis acutis trinerviis appressis. *Corolla* infundibuliformi campanulata calyce duplo longior, tubo striis 15-elevatis, limbo bilabiato patente, labio superiore minore bifido, inferiore trifido, segmentis omnibus ovatis acutis. *Stamina* 4, didynama fere inclusa, rudimento quinto obsoleto, *filamenta* glabra ; *antheræ* oblongo-lineares biloculares ; *loculis* oppositis longitudinaliter dehiscentibus. *Ovarium* compressum ovatum glabrum biloculare ; *loculis* biovulatis ; *ovulis* adscendentibus. *Discus* hypogynus magnus carnosus cupuliformis. *Stylus* stamina vix superans filiformis ; *stigma* parvum capitatum *Fructus....* — Frutex *Africæ tropicæ occidentalis subhumilis ramosus glaber* ; ramis *patentibus flexuosis.* Folia *oblongo-ovata opposita subcoriacea integerrima undulata penninervia.* Racemi *terminales subsecundi deflexi.* Pedicelli *brachiatim oppositi basi bracteati* ; bracteis *lanceolatis membranaceis coloratis (paribus oppositis foliaceis).* Flores *subpubescentes deflexi.* Calycibus corollis bracteisque *calycinis omnibus lateritiis.*

HOOK. *l. infra c.*

CARACTÈRES SPÉCIFIQUES.

W. Species unica supra infraque descripta.
Whitfieldia lateritia HOOK. *Bot. Mag.* t. 4155.

« La plante que nous figurons ci-contre est un objet fort désirable pour l'ornement de la serre chaude, où elle forme un petit buisson bien ramifié, dont le feuillage est abondant et toujours vert ; ses rameaux se terminent par des grappes d'assez grandes fleurs, dont le calyce, la corolle, et souvent les amples bractées, sont d'un rouge de brique uniforme.

» Elle fait partie des nombreuses nouveautés importées en Europe de l'intérieur de Sierra-Leone. C'est une Acanthacée que je ne saurais rapporter à aucun genre décrit jusqu'ici, bien que ses caractères le rapprochent (pas très près toutefois) du *Geissomeria* de M. Lindley. J'ai dédié ce nouveau genre à un homme qui, au risque de la vie, et, comme j'ai raison de le penser, au grand détriment de sa santé, a accompli plusieurs voyages dans l'intérieur de l'Afrique occidentale (entre les Tropiques), et y a formé de vastes collections d'animaux et de plantes vivantes, parmi lesquelles, outre celle dont il s'agit, nous devons citer le *Bois de Teck* ou *Chêne d'Afrique*, arbre dont on ne connaît point encore le genre ; la *Napoleona imperialis ;* la splendide *Gardenia stanleyanæ Msc.*, dont nous donnerons incessamment la figure dans ce recueil ; trois autres espèces du même genre ; la *Thunbergia chrysops*, aux vives couleurs (voyez *Flore des Serres et des Jardins*, liv. I, f° 27), et beaucoup d'autres raretés.

» La *Whitfieldia lateritia* est un petit arbrisseau à rameaux un peu tortueux, cylindriques, étalés, portant des feuilles opposées, entières, ovées ou oblongues-ovées, subcoriaces, ondulées, penninerves, persistantes. Les pétioles sont courts, unis ou légèrement canaliculés en dessus. Les racèmes terminaux, à pédicelles opposés, brachiés ou cruciés, nutants, munis à la base de bractées lancéolées, submembranacées, dont la paire inférieure est foliacée. Deux amples, amples, ovées, aiguës, opposées, sont situées, à la base du calyce et appliquées sur lui. Celui-ci est grand, coloré (comme nous l'avons dit plus haut), un peu renflé, subinfundibuliforme, profondément fendu en quatre segments dressés, concaves, aigus, nervés La corolle, deux fois aussi grande que le calyce, d'un rouge orangé ou de couleur de brique, est à la fois campanulée et infundibuliforme, à limbe bilabié; la lèvre supérieure est partagée en deux segments ovés, aigus, l'inférieure en trois segments étalés. Étamines et style inclus. »

HOOKER, *Bot. Mag.*, *l. c.* (Traduct. *paucis omissis*.)

Cu. L.

EXPLICATION DES FIGURES.

Fig. 1. Etamines. — Fig. 2. Pistil. — Fig. 3. Section transversale de l'ovaire. (Fig. grossies.)

CULTURE. — Vers le milieu ou la fin du printemps, ou mieux encore vers le commencement de l'été, aussitôt enfin que le jeune bois de cette plante a acquis assez de consistance, on peut couper les extrémités des branches pour les bouturer sur une couche chaude et sous cloche.

En ce qui regarde cette plante, comme pour toute autre, j'insisterai de nouveau sur la préférence qu'on doit donner à l'isolement des boutures dans de très petits godets, d'un centimètre et demi de diamètre environ, qu'il vaut mieux encore couvrir séparément d'une petite cloche que de les couvrir en nombre sous une grande, comme on en a trop généralement l'habitude. En effet sous une grande cloche il y a trop d'air et en même temps trop d'humidité, agents tous deux nuisibles à la prompte radification des boutures. Qu'une ou deux d'entre elles viennent à pourrir, les survivantes se trouvent fort mal de ce voisinage, en raison des miasmes méphitiques qui s'en exhalent, et qui, peu appréciables peut-être à nos sens, n'en existent pas moins sous les cloches ! Toutes ces raisons doivent militer en faveur de l'isolement des boutures. Du reste, les soins à donner en ce cas sont les mêmes : chaleur douce, égale ; essuyage fréquent des cloches; aérification graduée, en soulevant de plus en plus celles-ci au fur et à mesures que les jeunes plantes, montrant leurs nouvelles pousses, donnent signe de vie ; légère mouillure dès lors sur les godets, jamais sur les feuilles, etc.

La *Whitfieldia lateritia* appartient à la serre chaude, où elle forme un beau buisson, sur le vert feuillage duquel se détachent ses nombreuses fleurs tubulées, d'un rouge vif. Elle demande un sol riche en humus, tel que celui dont j'ai plusieurs fois déjà donné la composition. Elle souffrira volontiers la taille, opération qui la fera fleurir plus abondamment et l'empêchera de trop s'emporter. Enfin les seringages et les arrosements seront en proportion de la hauteur de la température et diminueront nécessairement avec elle.

L. VH.

CESTRE A FLEURS ORANGÉES.
CESTRUM AURANTIACUM.

Étym. *λέκτρον*, nom présumé de la Bétoine.

Solanacées, § Cestrées. — Pentandrie-Monogynie.

CARACTÈRES GÉNÉRIQUES.

Cestrum. *Calyx* campanulatus quir quefidus. *Corolla* hypogyna infundibuliformis, tubo elongato superne ampliato, limbo quinquepartito subplicato patente v. revoluto. *Stamina* 5, medio corollæ tubo inserta inclusa ; *filamenta* simplicia v. intus dente aucta; *antheræ* longitudinaliter dehiscentes. *Ovarium* biloculare ; *placentis* subglobosis dissepimento adnatis pauciovulatis. *Stylus* simplex; *stigma* subcapitatum concavum v. obsolete bilobum. *Bacca* calyce cincta v. inclusa bilocularis v. dissepimento obliterato placentisque coadunatis unilocularis. *Semina* pauca umbilico ventrali. *Embryo* in axi albuminis carnosi rectus v. rectiusculus ; *cotyledonibus* foliaceis orbiculatis ; *radicula* tereti in'era. — Frutices *Americæ tropicæ*, foliis *alternis solitariis* v. *rarius geminis integerrimis* ; gemmarum *axillarium foliis extimis evolutis stipulas menientibus* v. ; floribus *racemosis;* racemis *bracteatis axillaribus elongatis* v. *abbreviatis in corymbum spicam* v. *fasciculum contractis;* floribus *suave suaveolentibus* ; corollis *luteis*; baccis *nigris* v. *nigro-cærulris.*

Endlich. *Gen. Pl.* 3865.

CARACTÈRES SPÉCIFIQUES.

C. glabrum, *foliis* petiolatis ovalibus acutis undulatis ; *floribus* sessilibus spicatis ; *bracteis* deciduis ; *calyce* lucido quinquecostato quinquedentato ; *corolla* glabra infundibulari ; *limbo* reflexo ; *filamentis* basi pubescentibus denticulo auctis ; *bacca* pyriformi candida.

Lindl. *Bot. Reg.* 1844, *Misc.* 65, et t. 22, 1845.

Originaire du Guatimala, où il croît, dit-on, aux environs de Chimalapa, cette espèce est sans contredit la plus belle parmi celles d'un genre riche sinon en plantes ornementales, du moins en espèces intéressantes, souvent par l'arome delicieux de leurs fleurs, et la veille ou le sommeil qu'affectent ces dernières à certaines heures de nuit ou de jour.

Elle a été introduite en Europe par M. Skinner, qui en envoya les graines du Nouveau-Monde, et elle fleurit pour la première fois, l'année dernière, dans le jardin de la Société d'horticulture de Londres à Chiswick.

Aux grandes et nombreuses fleurs orangées, d'une odeur suave, qui terminent en larges panicules pendant l'été ses rameaux, succèdent des baies piriformes et d'un blanc de neige, dont l'effet est charmant en hiver, par le contraste qu'il présente avec le vert foncé et luisant du feuillage.

Le Cestre à fleurs orangées est un arbrisseau entièrement glabre. Il forme un beau buisson, s'élevant à deux mètres de hauteur environ ; les ramules en sont brunâtres, et portent des feuilles amples, ovales-aiguës, ondulées, portées par des pétioles courts, renflés à la base, arrondis en dessous, canaliculés en dessus. Les nervures sont très peu nombreuses, subparallèles, légèrement immergées sur la face supérieure, peu saillantes sur l'inférieure.

Le périanthe externe est tubulé, assez court, et se termine par cinq segments dentiformes, aigus, dont la nervure dorsale est décurrente-élevée sur le tube d'icelui; ce qui le rend quinquécosté. Le périanthe interne, deux fois et demi plus long que l'externe, est également tubulé, cylindrique, à peine dilaté au sommet, dont le limbe ample et réfléchi est formé de cinq segments obovés, à peine aigus. Les filaments staminaux sont pubescents à la base et portent latéralement une denticule; les anthères en sont rougeâtres, et forment à l'orifice du tube périanthien une sorte d'étoile, dont le stigmate est le centre. Celui-ci est capité.

Cн. L.

Culture. — Ce Cestre appartient à la catégorie des plantes de serre tempérée, et peut très bien être planté à l'air libre pendant toute la belle saison, où il acquerra une végétation vraiment luxuriante, une floraison splendide et abondante. Il n'est pas difficile sur le choix du terrain, mais aime le soleil et d'assez nombreux arrosements en été.

Aussitôt que les gelées deviennent imminentes, on se hâtera de les relever dans un pot un peu étroit, et de le rabattre pour le rentrer dans la serre. Là on lui ménagera les arrosements en hiver.

Sa multiplication est facile par le bouturage des jeunes rameaux sur couche tiède et sous cloche. Elle peut avoir lieu indifféremment au printemps, en été ou en automne, en ayant soin de protéger, selon les différentes températures des saisons, les jeunes plantes contre les rayons du soleil, le contact subit d'un air froid, l'humidité, etc., jusqu'à ce qu'elles aient développé plusieurs feuilles.

Ses nombreuses et grandes fleurs, d'un beau jaune orangé, leur odeur d'écorce d'orange, son ample et vert feuillage luisant, en font un bel objet pour l'ornement de nos jardins.

L. VH.

LOBÉLIE A FEUILLES DIVERSES, var. A GRANDES FLEURS.

LOBELIA HETEROPHYLLA (var. MAJOR).

Étym. Mathias Lobel, botaniste du xvie siècle.

Lobéliacées, § Lobéliées. — Pentandrie-Monogynie.

CARACTÈRES GÉNÉRIQUES.

Lobelia. *Calycis* tubo obconico turbinato v. hemisphærico cum ovario connato; *limbo* supero quinquefido. *Corolla* summo calycis tubo inserta tubulosa, tubo hinc apice fisso, limbi quinquefidi un -bilabiati laciniis tribus inferioribus pendulis, duabus superioribus pendulis v. cum inferioribus connivtentibus. *Stamina* 5 cum corolla inserta; *filamenta* et *antheræ*, omnes v. saltem duæ inferiores, barbatæ in tubum connatæ. *Ovarium* inferum vertice brevissime exsertum bi-triloculare. Ovula in placentis carnosulis dissepimento utrinque adnatis v. e loculorum angulo centrali porrectis plurima anatropa. *Stylus* inclusus; *stigmate* demum exserto bilobo; *lobis* divaricatis orbiculatis subtus pilorum annulo circtis. *Capsula* bi-trilocularis ultra verticem exsertum loculicido-bi-trivalvis. *Semina* plurima minima scrobiculate. *Embryo* in axi albuminis carnosi orthotropus; *cotyledonibus* brevissimis obtusis; *radicula* umbilico proximæ centripeta.

Herbæ perennes v. rarius annuæ in regionibus tropicis subtropicisque totius orbis observatæ, in America æquinoctiali imprimis copiosæ, in Europa media rarissimæ; *habitu* et inflorescentia admodum variæ.

Lobelia Linn. *Gen. n.* 1006. excl. sp. plur. nec Plum. et Pnesl, *Rapuntium* Tournef. *Inst.* 51. Gaertn. I. 151. Presl. *Monogr.* II.

a. *Xanthomeria* Presl. *l. c.* — *Flores* sessiles, bibracteolati axillares capitati v. spicati. *Calycis* tubus cylindraceus v. obconicus. *Corolla* flava. *Capsula* bilocularis. — *Parastranthi* spec. Don. (*Bot. Mag.* t. 1319. 1692.)

b. *Stenotium* Presl. *l. c.* 12. — *Flores* pedicellati, racemosi. *Calycis* tubus obconicus, linearis v. oblongus v. turbinatus. *Corolla* cærulea v. alba. *Capsula* bilocularis. — (*Bot. Mag.* t. 514. 901. 2277. 3292. *Bot. Reg.* t. 773. 1896. 2014. etc., etc.)

c. *Dortmanna* Rudb. *Act. Upsal.* 1720. p. 97. t. 2. — *Flores* racemosi. *Calycis* tubus lineari-obconicus. *Corolla* cærulea. *Capsula* trilocularis. — Don *Syst. III.* 715. Lobelia Dortmanna Linn.

d. *Sphaerangium* Presl. *l. c.* 9. — *Flores* pedicellati, racemosi. *Calycis* tubus hemisphæricus. *Corolla* alba, cærulea v. rubra. *Capsula* bi-trilocularis. — (Cavan. *Ic.* t. 511. f. 2. t. 518. 521. 523. etc., etc.) *Tupa* Don *l. c.* 700. etc. *Tylomium* Presl. *l. c.* 31. etc.

Endlich. *Gen. pl.* 3058.
(Citat. parum abbrev.)

CARACTÈRES SPÉCIFIQUES.

L. glabriuscula, caule angulato simplici, racemo secundo, *foliis* crassiusculis, inferioribus dentato-pinna-tifidis, superioribus lanceolatis integerrimis; *Corollæ* labii inferioris lacinia media obcordata, lateralibus dimidiatis.

Lobelia heterophylla Labill. *Nov.-Holl.* I. 52. t. 74. etc.

Lobelia heterophylla var. major ! Tota planta, floresque præcipue, major.

L. heterophylla var. major. Paxton, *Mag. of Bot.*, n° CI, 1842, cum Ic.

Cette charmante variété n'est pas un gain obtenu par l'art de nos fleuristes. Elle est originaire, ainsi que son type, de l'extrémité méridionale de la Nouvelle-Hollande et de la terre de Van-Diémen. On en doit la première introduction en Europe, en 1840, à M. Low, horticulteur à Clapton ; mais elle semblait avoir entièrement disparu de nos cultures depuis cette époque (on ne la trouve plus dès lors dans les catalogues soit botaniques, soit marchands !), lorsque M. L. Van Houtte en reçut dernièrement des graines de son pays natal. Très différente déjà du type, comme nous allons le dire, elle diffère encore plus de la *L. ramosa* (avec laquelle plusieurs personnes la confondent à tort) et par la forme du feuillage, et par le coloris des fleurs.

Rien de plus brillant et de plus vif que le beau bleu de ses fleurs; coloris que l'art humain n'a jusque ici jamais pu reproduire, non plus que celui d'un grand nombre d'autres fleurs. Elle est annuelle, croît avec rapidité, forme une belle touffe qui se couvre incessamment d'innombrables fleurs. Tout en elle, tiges, feuilles et fleurs, est plus grand que chez le type : aussi est-elle vivement recherchée pour l'ornement des parterres.

Elle s'élève à 40 ou 60 centimètres, et garnit promptement les supports qu'on lui donne pour étayer ses tiges allongées, grêles et anguleuses. Ses feuilles sont un peu épaisses, et, comme son nom spécifique l'indique, varient beaucoup de forme et de grandeur sur les différentes parties des tiges. Elles sont très distantes; les inférieures sont plus ou moins pinnatifides, à segments peu nombreux, linéaires-oblongs; les médianes, chez quelques individus, ont ces mêmes segments divisés de nouveau ou incisés; peu à peu ils deviennent moins apparents et laissent affecter aux feuilles supérieures une forme entière, lancéolée-linéaire. Elles sont glabres en dessus, légèrement tomenteuses en dessous.

Les fleurs (de deux centimètr. et demi de diam. dans les individus bien cultivés) sont disposées en grappes terminales, lâches et subunilatérales. Le tube calycinal est herbacé, cylindrique, légèrement atténué à la base, et divisé au sommet en cinq dents linéaires-allongées, appliquées. La lèvre supérieure est formée de deux très petits lobes subulés, réfléchis, velus, et peu apparents, presque cachés qu'ils sont par les deux lobes latéraux très amples, relevés et étalés, dimidiés-obovés, de la lèvre inférieure, dont le médian est obcordiforme et beaucoup plus grand que les autres. Toutes les anthères sont barbues et ne dépassent pas la gorge du tube corolléen.

Сн. L.

CULTURE. — Si l'on veut jouir de tout l'effet que peut produire cette belle variété, on en sèmera les graines en petites terrines, vers la fin de mars, et on les placera sur une couche tiède. On repiquera bientôt, en avril, le plant dans de petits pots, par six ou huit, selon l'ampleur qu'on désire donner aux touffes, en ayant soin toutefois d'en espacer les jeunes plantes de deux à trois centim. les unes des autres; on rempotera, s'il est nécessaire, vers la fin de ce mois ou au commencement de mai, et on mettra en place, à l'air libre et dans un bon sol, aussitôt que les gelées ne seront plus à craindre. Dans cet état on peut abandonner la plante à elle-même, pour former d'épaisses touffes, ou placer par derrière un petit treillage sur lequel elle enlacera ses longues tiges. Dans les deux cas, elle se couvrira bientôt d'un tapis de fleurs qui se succéderont tout l'été et pendant la première partie de l'automne.

Comme elle est fort délicate, elle ne réussirait pas bien à l'air libre dans les années froides et pluvieuses. Il vaut mieux alors la conserver en serre froide, en larges pots, où l'on jouira plus à l'aise de tout l'agrément qu'elle présente, palissée, par exemple, sur un treillis arrondi en boule.

L. VH.

BOUVARDIA A FLEURS JAUNES.

BOUVARDIA FLAVA.

ÉTYM. Ch. Bouvard, ancien directeur du Jardin des Plantes de Paris.

Rubiacées, § Cinchonées-Eucinchonées. — Pentandrie-Monogynie.

CARACTÈRES GÉNÉRIQUES.

Bouvardia SALISB. Cal̄cis tubo subgloboso, cum ovario connato, limbi superi quadripartiti lobis lineari-subulatis, dentibus interdum interjectis. *Corolla* supera infundibuliformi-tubulosa elongata extus velutino-papillosa, intus glabra v. barbata, fauce nuda, limbo quadripartito patente brevi. *Stamina* 4; *filamenta* bre-vissima v. subnulla: *antherae* lineares inclusae. *Ovarium* inferum vertice subexsertum biloculare. *Ovula* in placentis orbicularibus, dissepimento utrinque insertis plurima, amphitropa. *Stylus* filiformis; *stigma* bila-mellatum, exsertum. *Capsula* membranacea globoso-compressa bilocularis apice septifrago bivalvis. *Semina* plurima compressa peltata imbricata ala membranacea cincta. *Embrio.....*

Frutices mexicani; *foliis oppositis v. verticillatis, stipulis angustis acutis petiolis utrinque adnatis, pedunculis terminalibus trifloris v. trichotomis corymbosis.*]

Bouvardia Salisbury *Parad. II.* 88. t. 88. et Alii. *Houstonia* Andr. *Bot. Reposit.* t. 106. *Christima* Raf. *in Ann. gen. sc. phys. V.* 224. *Æginetia* Cavanill. *Ic. VI.* 51. t. 572. non Linn. *Ixorae sp.* Jacq. *Hort. Schönbr.* t. 257, etc.

ENDLICH. *Gen. pl.* t. 3265.

CARACTÈRES SPÉCIFIQUES.

B. puberula', *Foliis* ovato-lanceolatis acuminatis brevi petiolatis utrinque pilis brevibus rarisque inspersis, stipulis plus minusve connatis laciniis lineari-subulatis, pedunculis terminalibus 3-floris pedicellisque puberulis, laciniis calycinis linearibus setis brevibus interjectis, corolla glabra flava lobis ovatis patulis, antheris subses-silibus.

J. Dᴵᶜ.

L'arbuste que je décris s'élève à environ un mètre de hauteur; sa tige rameuse est recouverte d'une écorce grisâtre, tandis que les rameaux, divergents, herbacés, glabres, rougeâtres, sont parsemés de points d'un vert pâle. Les feuilles, ovales-lancéolées, rétrécies à la base en un court pétiole, sont acuminées, à pointe recourbée au sommet, munies de nervures pennées, immergées sur la face supérieure, saillantes et finement poilues sur l'inférieure; ces poils, abondants vers les bords, les rendent comme ciliés, et reposent sur une sorte de petit mamelon; le limbe, qui est membraneux et d'un vert tendre sur les individus placés à l'ombre, prend une teinte rougeâtre ou se trouve largement lavé ou taché de rouge sombre, lorsque la plante est exposée au soleil. Les pétioles sont canaliculés en dessus, arrondis en dessous et légèrement renflés à la base. Les stipules sont de deux sortes : celles qui accompagnent les feuilles caulinaires sont plus ou moins connées à la base et se divisent en trois ou quatre lanières subulées, inéga-les, l'intermédiaire beaucoup plus longue ; celles qui accompagnent les jeunes feuilles sont con-nées et forment un tube plus ou moins allongé, et sont partagées en quatre lanières dont les laté-rales lancéolées, foliacées; les deux intermédiaires plus courtes, linéaires-subulées, rarement bipartie.

Les pédoncules naissent de l'extrémité des rameaux, quoique réellement axillaires, comme on le voit par la position qu'ils prennent à l'allongement des rameaux. Ils sont ordinairement tri-flores; les pédicelles, grêles, filiformes, accompagnés de bractéoles sétacées, se terminent par une fleur d'une belle couleur jaune vif. Le calyce , hémisphérique , est parcouru par quatre nervures saillantes , correspondant à chacune des divisions , qui sont lancéolées-linéaires , parsemées de petits poils blancs. La corolle , dont le tube atteint environ 4 centimètres en longueur , est complètement glabre , soit à l'extérieur , soit à l'intérieur , et se divise en quatre lobes ovales , étalés. Les étamines , qui ne dépassent pas l'entrée du tube , sont presque sessiles ; les anthères , fixées par le milieu du dos , sont oblongues , jaunâtres. Le style , parfaitement glabre , dépasse le tube de la corolle et se divise en deux petits lobes stigmatiques oblongs.

Cet arbuste est originaire du Mexique , d'où il a été envoyé en Belgique , par M. Ghiesbreght. L'établissement de M. Van Houtte , horticulteur à Gand , en est seul possesseur. C'est là qu'il a donné pour la première fois ses fleurs pendant les premiers mois du printemps de 1845 ; mais il n'a point encore porté fruit. Il offre beaucoup de ressemblance avec la *Bouvardia lævis* décrit par MM. Martens et Galeotti ; mais il en diffère par ses feuilles plus allongées , son calyce muni de divisions plus courtes , et surtout par la couleur jaune de ses fleurs , qui sont au contraire vermillonnées dans la *B. lævis*.

J. Decaisne.

CULTURE. — La *Bouvardia flava* est pour nos cultures une bien intéressante et toute nouvelle acquisition.

Rabattue un peu court et tenue en buisson, elle ornera long-temps au printemps la serre tempérée (dans laquelle on doit la rentrer en hiver) de ses nombreuses et légères fleurs pendantes , gracieusement portées sur de longs pédoncules triflores. Leur belle couleur jaune fera un heureux et agréable contraste avec le pourpre foncé et la verdure mélangée du feuillage. Pour obtenir ce dernier effet, la plante, pendant toute la belle saison, doit être exposée , sinon aux rayons directs du soleil , du moins à mi-ombre et de manière à jouir d'un espace vaste et aéré.

Elle se plaît dans une terre assez riche en humus, et demande , en raison de sa végétation presque continue, excepté en hiver, de fréquents arrosements. Elle prospérera plantée en conservatoire , et peut-être même à l'air libre , sauf à être relevée en automne.

Sa multiplication par le bouturage des jeunes rameaux est aussi simple que facile, sur couche tiède et sous cloche. Les jeunes boutures , coupées dans une articulation caulinaire , s'enracineront en peu de jours et pourront être presque aussitôt traitées en plantes-mères. La seule précaution à prendre est de n'en pas aventurer les sommités à l'air libre et au soleil avant de les y avoir accoutumées peu à peu. La délicatesse de ces jeunes rameaux est grande , et le contact subit de l'un ou de l'autre pourrait occasionner quelque désordre chez les nouvelles plantes.

L. VH.

SALPINGANTHE A FLEURS COCCINÉES.
SALPINGANTHA COCCINEA.

Étym. εὐλπιγξ, ιγγος, ἡ (poetice σάλπαξ, sed idem genit.), trompette ; ἄνθός, fleur; forme des fleurs.

Acanthacées, § Ruelliées. — Didynamie-Angiospermie.

CARACTÈRES GÉNÉRIQUES.

S. Calyx parvus ovatus 5 dentatus basi bibracteatus. *Corolla* infundibuliformi-hypocrateriformis; *tubo* basi angustato cylindraceo sursum sensim dilatato ; *limbo* regulari patente 5-lobo ; *lobis* retusis. *Stamina* 4 , tubi parte contracta inserta : *filamenta* subæqualia gracilia glabra, longitudine tubi totius ; *antheræ* oblongæ dorsifixæ uniloculares. *Ovarium* ovatum disco carnoso impositum biloculare; *loculis* biovulatis ; *ovulis* adscentibus; *stylus* gracilis filiformis stamina paulo superans ; *stigmate* obtuso. Fructus.... ?
Frutex *humilis Indiæ occidentalis ramosus ; ramis teretibus glabris (ut et tota planta)*. Folia opposita ovata subcoriacea integerrima. Pedunculi *axillares solitarii penduli v. terminales terni; flores sessiles decussati oppositi in spicam laxam dispositi distantes.* Corolla *pulchra nitida coccinea.*

Hook. *Bot. Mag.* t. 4158.

CARACTÈRES SPÉCIFIQUES.

Unica hucusque species ! Sunt supra infraque expressi.

Cette belle et curieuse plante est originaire de la Jamaïque, où l'a découverte M. Purdie, collecteur du Jardin royal botanique de Kew. C'est dans une des serres de ce magnifique établissement, régénéré depuis peu sous la direction d'un des plus illustres botanistes du siècle (M. W. Hooker), qu'elle fleurit pour la première fois en Europe, pendant le rude hiver de 1844-45.

L'auteur, en la décrivant, fait observer avec raison combien, au premier aspect, elle présente peu d'affinités avec les Acanthacées, auxquelles cependant les caractères de la fleur, et surtout du jeune fruit, obligent impérieusement de la réunir. M. W. Hooker, en en faisant le type d'un genre nouveau, ne mentionne pas les causes qui ont déterminé sa résolution.

C'est, selon lui, un arbrisseau peu élevé, ramifié, et glabre dans toutes ses parties. Les jeunes pousses en sont arrondies, et non comprimées; les feuilles opposées, très brièvement pétiolées, ovées, subcoriaces, légèrement ondulées au bord, entières, penninerves, à peine aiguës, d'un vert foncé en dessus, un peu plus pâles en dessous.

Les fleurs, sessiles, assez grandes et d'un beau cramoisi, sont disposées en épis lâches, axillaires ou terminaux, dressés ou subnutants. Ces épis sont solitaires quand ils sortent des aisselles foliaires, et ternés quand ils terminent les rameaux. Le calyce est très petit, herbacé ; le tube de la corolle, légèrement comprimé au dessus de sa base, se dilate peu à peu vers le sommet, où il s'épanouit en un limbe réfléchi, disposé en roue ; ses cinq lobes sont égaux (c'est là probablement un des principaux caractères du genre), courts, arrondis ; l'entrée de la gorge et tout l'intérieur du tube sont blancs, et cette teinte opposée contraste agréablement avec le ton d'un rouge vif du reste de la corolle.

Ch. L.

EXPLICATION DES FIGURES.

Fig. 1. Corolle ouverte. — Fig. 2. Anthère. — Fig. 3. Section verticale de l'ovaire. — Fig. 4. Section transverse dudit.

CULTURE. — La culture de cette désirable plante n'offre point de difficulté.

On devra la tenir dans une serre chaude un peu humide en été, assez sèche en hiver. On lui donnera pour sol un compost léger, formé, par exemple, de deux tiers de terre de Bruyère mélangés avec un tiers de terre franche, et auquel on pourra ajouter un trentième environ de guano, ou de tout autre engrais aussi riche en principes fertilisants (1). On seringuera fréquemment pendant toute la belle saison ; on rempotera au fur et à mesure des besoins ; enfin elle devra rester toute l'année dans la serre, mais sous la condition d'être fréquemment aérée.

Sa multiplication est également facile. Il suffira d'en couper au printemps, ou mieux encore vers le commencement de l'été, les jeunes pousses au point de l'insertion des feuilles, de les planter dans de très petits godets qu'on enfoncera dans une bonne couche chaude. Dans cet état, on donnera aux jeunes boutures les soins ordinaires, tels que je les ai déjà fait connaître précédemment, et bientôt on sera en mesure de les traiter comme des plantes faites.

L. VH.

---

(1) Je dois dire que je n'en connais pas qui ait autant d'énergie que celui-là sur les végétaux.

9

LIS A FLEURS NANKIN.

LILIUM TESTACEUM.

Étym. Λείριον ou Λίριον, nom du Lis chez les Grecs ; *Lilium* chez les Latins. Cette étymologie, avant d'être la nôtre, a été celle d'un homme compétent en la matière. Varron dit expressément que *Lilium* vient par altération de *Lirion*. Nous ne saurions donc, comme le font quelques auteurs, dériver ce mot du celtique *li* : car probablement les Grecs, en forgeant le mot *lirion*, et Varron en l'adoptant, ne savaient pas cette langue, usitée seulement par une peuplade barbare, perdue dans un coin du littoral de la vieille Gaule, où certes ne poussait alors aucun *Lis*.

Liliacées, § Tulipées. — Hexandrie-Monogynie.

CARACTÈRES GÉNÉRIQUES.

Lilium. *Perigonium* corollinum deciduum hexaphyllum ; *foliola* basi subcohærentia infundibuliformi-campanulata apice patentia v. revoluta intus sulco nectarifero instructa. *Stamina* 6 perigonii foliolis basi subadhærentia. *Ovarium* triloculare ; *ovula* plurima biseriata horizontalia anatropa. *Stylus* tenuiuralis subclavatus rectus v. subcurvatus ; *stigmate* subtrilobo. *Capsula* trigona sexsulcata trilocularis loculicido trivalvis. *Semina* plurima biseriata horizontalia plano-compressa ; *testa* lutescente subspongiosa membranaceo-marginata ; *rhaphe* hinc per marginem decurrente. *Embryo* in axi albuminis carnosi rectus v. sigmoideus, extremitate radiculari umbilico proxima.

Herbæ *in Europa et Asia media et septentrionali*, *in Japonia et in Indiæ montibus*, *necnon in America boreali indigenæ bulbosæ* ; foliis *alternis v. subverticillatis* ; floribus *magnis speciosis erectis v. nutantibus.*

Lilium L. *Gen.* 410.

a. Amblirion. *Perigonii* foliola sessilia conniventia, sulco nectarifero obsoleto.
   Amblirion RAPH. *Journ. Phys.* LXXXIX. 102. Lilia fritillarioidea SCHULT. *Syst.* VII. 399.
b. Martagon. *Perigonii* foliola sessilia revoluta, sulco nectarifero distincto.
   Martagon ENDLICH. *Gen. Pl.* 1098. GÆRTN. *De fruct.* t. 88. f. 3. f. I. JACQ. *Fl. austr.* t. 351. app.
   t. 20. REDOUTÉ *Liliac.* t. 145, 378, etc.
c. Pseudolirion. *Perigonii* foliola unguiculata campanulato-conniventia, sulco nectarifero distincto.
   Pseudolirion ENDLICH. *Gen. Pl. l. c. Bot. Mag.* t. 259, 519. *Bot. Reg.* t. 504, etc.
d. Eulirium. *Perigonii* foliola sessilia campanulato-conniventia, sulco nectarifero distincto.
   Eulirium ENDLICH. *l. c.* GÆRTN. t. 93. f. 3. a-e. JACQ. *Fl. austr.* t. 226. REDOUTÉ. *Lil.* t. 199.
e. Cardiocrinum. *Perigonii* foliola sessilia campanulato-conniventia, sulco nectarifero distincto basi subsaccato.
   Cardiocrinum ENDLICH. *l. c,* WALL. *Fl. nep.* t. 12, 13. BANKS. *Ic. Kœmpf.* t. 46. Hemerocallis cordata GÆRTN. t. 179.

CARACTÈRES SPÉCIFIQUES.

§ MARTAGON. — L. *foliis* sparsis lanceolatis ; *floribus* cernuis terminalibus pedunculis rigidis brevioribus ; *perigonii* foliolis intus læviusculis v. parum papillosis staminibus multo longioribus, LINDL.

L. testaceum LINDL. *Bot. Reg.* 1842. *Misc.* 51, et *Ibid.* t. II. 1843. PAXTON's *Mag. of Bot.* n. 418, 1843.
L. peregrinum HORT. GERM. *nec* MILL.
L. excelsum HORTUL.
L. isabellinum KUNZE (?... *loco* ?).

> Sæpe tulit blandis argentea lilia nymphis. PROP.
> Quale micant puris lilia mixta rosis! SAUT.

Une courte disgression historique et philologique, une fois pour toutes écrite sur le *Lis* dans ce recueil, ne semblera pas, nous l'espérons, un *hors-d'œuvre* à la généralité de nos lecteurs.

Lilium testaceum. Lind.

H. Rémond imp.

— 63 —

Nulle plante, certes, ne mérite mieux les honneurs littéraires, en même temps qu'elle a droit à une des premières places dans la faveur des véritables amateurs!

Le Lis (*Lilium candidum* L.) a été connu et recherché dès la plus haute antiquité. Les poëtes de tous les pays l'ont chanté à l'envi et le proclamaient l'emblème de la pureté et de l'innocence, le symbole de la majesté (1). Pline en parle longuement dans plusieurs chapitres de son *Histoire naturelle* (lib. XXI). Il dit entre autres choses (cap. V) :

« Lilium rosæ nobilitate proximum est... Nec ulli forum excelsitas major....., Etc. »

Il le décrit ainsi :

« Candor ejus eximius ; foliis foris striatis et ab angustiis in latitudinem paulatim sese laxantibus ; effigie calathi, resupinis per ambitum labris, tenuique *filo et staminibus* (2) stantibus in medio croceis, etc. »

Les poètes grecs et romains lui attribuaient une origine divine. Les uns disaient que Vénus, furieuse contre une jeune fille qui lui contestait la palme de la beauté, la changea en cette fleur. Les autres rapportent que Jupiter, voulant donner l'immortalité au fils qu'il venait d'avoir d'Alcmène, le posa pour l'allaiter sur le sein de Junon endormie, qui bientôt, se réveillant, repoussa loin d'elle l'enfant de sa rivale ; que des gouttes de lait tombées de ses mamelles dans l'azur du ciel y formèrent la voie lactée (*la voie de lait*) ; enfin que de celles qui parvinrent sur la terre naquirent le Lis, dont la blancheur rappelle son origine céleste. Mais écoutons un poëte latin moderne trop peu connu (De Thou) raconter le fait à sa manière :

Forte pererrato terræ Saturnius orbe
Amphitrioniadem secum super æthera raptum
Alto sopitæ Junonis ad ubera somno
Suppositum furtim admorat, cum bibulus ille
In longos altricis adhuc læc duceret haustus.
Dumque avido bibit ore puer, jam plenior æquo,
Conceptum saturo rejecit pectore nectar.
Inde fluit medio decurrens rivus Olympo.
Nunc et se, cum luna silet, cœloque sereno
Albentes circum tractus via lactea pandit.
At Dea, fallaci tandem experrecta sopore,
Ut vidit niveo late stagnantia rore
Sidera, sciatur causas Atlantide natum ;
Dumque sedet rogitans, large stillantia sensit
Ubera nectareum in terras demittere rivum ;
Flos unde exortus, lacti qui concolor, omnes
Procera specie et viridan i caudice vincit,
Et tollit niveum, flexa cervice cacumen.

C'est de là que souvent, chez les Latins, on donnait au Lis le nom de Rose de Junon (*Junonis rosa*).

Un autre poëte, également moderne, le père Rapin, en chantant les Jardins, ne pouvait oublier le Lis : aussi dit-il :

Aspicias hortorum albescere sylva...
Læta super virides tollunt se lilia virgas.

---

(1) Voyez notre opuscule intitulé : *Essais sur l'histoire et la culture des plantes bulbeuses*, où nous puisons en partie ce passage. Chez H. Cousin, éditeur, rue Jacob, 21.

(2) On voit que les Latins, comme les Grecs avant eux, savaient très bien distinguer le pistil et les étamines, dont les noms mêmes n'ont pas changé en passant jusqu'à nous. Ils reconnaissaient donc des sexes chez les plantes, et nous pourrions le prouver par maintes citations de Dioscoride, de Théophraste, d'Aristote, etc., si nous ne craignions pas d'être accusé ici d'un *pedantisme* déplacé.

3

Ante alias autem florem hunc sibi Gallia gentes
Præcipuum optavit. Phrygiis seu missus ab oris
Per Francum Hectoridem, fatis cum plenus avitis,
Externasque ardens trans æquora quærere lauros,
Appulit his primum terris, sedesque locavit ;
Sive, quod antiquos perhibent memorare parentes,
Lilia summo olim seu lapsa ancilia cœlo,
Primus qui Franca Christum de gente professus,
Accep t manibus puris Clodovæus, et ipsos
Mandavit donum hoc divum servare nepotes,
Pro gentis scuto insigni, et fatalibus armis.

Rappelant ainsi diverses traditions de l'histoire de France, qui attribuent l'adoption des fleurs de *Lis* dans les armoiries royales, soit à Clodovitch (Clovis), qui les aurait reçues d'un ange, lors de sa fameuse conversion; soit à Louis le jeune, à son retour de la croisade. Pour les sceptiques qui douteraient de la véracité de ces traditions, il en est encore une plus ancienne et que rappelle tout d'abord le poète : celle de *Francus*, fils d'Hector, qui, chassé de Troye, vint sur nos rives, comme un autre Énée, fonder un nouvel empire et nous apporta une fleur de Lis, comme présage de sa grandeur future. Or il est à peu près démontré aujourd'hui que les *fleurs de Lis* n'appartiennent point au *Lilium*, dont les fleurs diffèrent entièrement en effet de forme et de couleur (*les fleurs de Lis sont en or*); mais bien à l'*Iris acorus* (Iris des marais), dont les soldats de Clovis, selon d'autres chroniqueurs, se seraient couronnés sur les bords *de la Lis*. L'explication nous semble un peu forcée! Quoi qu'il en soit, les Lis ont été adoptés comme emblème par les rois de la première et de la seconde race. Ils devinrent définitivement les armoiries de ceux de la troisième, et subsistèrent ainsi, comme armoiries nationales, jusque dans ces derniers temps, malgré une révolution qui semblait devoir les abolir à jamais! L'aigle, à l'essor altier, qui les a remplacées un instant, a disparu aussi!... Qui le remplace aujourd'hui?

Incerti quo fata ferunt !

Nous remplirions un volume de faits et d'anecdotes au sujet des *fleurs de Lis*, sans parler de leurs propriétés médicales, au reste fort contestables; mais nous ajouterions peu de chose aux connaissances de nos lecteurs, et ce ne serait probablement qu'aux dépens de leur patience. Aussi laisserons-nous ce sujet pour nous hâter de conclure cette disgression déjà longue!

Les anciens distinguaient plusieurs sortes de Lis; leurs écrits ne peuvent laisser le plus léger doute à cet endroit. Pline dit expressement (*l. c.*) : *Lilia alba, Lilia rubentia, Lilia purpurea*. On a lieu de s'étonner, quand on voit tant d'éloges du Lis ou des Lis chez les Grecs et les Romains, que pas un de leurs poètes ne les ait célébrés dans ses vers. Les modernes ont amplement réparé cet oubli; encore, et pour preuve, une dernière citation : elle est d'un écrivain élégant, malheureusement peu connu :

Ecce tibi viridi se lilia caudice tollunt
Atque humiles alto despectant vertice flores,
Virginea ridente coma, quam multus oberrat
Candor, et effuso spargit saturnia lacte.
At circum intus agunt se tenuia fila coruscis
Lutea malleolis, niveoque immista nitore
Purpura collucet, sparsoque intermicat auro.

PASSER.

Tout le monde littéraire sait ce vers de Boisjolin :

Il est le roi des fleurs, dont la rose est la reine.

L'on connaît aujourd'hui près d'une cinquantaine d'espèces de Lis. Toutes habitent les parties tempérées de l'ancien continent, où on ne les trouve en général que dans les parties montagneuses. L'Europe centrale et méridionale, l'Asie orientale, l'Inde (Népaul), la Chine et surtout le Japon, en nourrissent une foule de belles espèces. On en rencontre aussi quelques unes fort méritantes dans l'Amérique septentrionale, telles que les *L. canadense, superbum, umbellatum, philadelphicum,* etc.

Toutes rivalisent entre elles de beauté et d'élégance dans le port, de grandeur et de coloris éclatant dans leurs fleurs, lesquelles, dans certaines espèces, exhalent une odeur suave, quoique quelquefois trop prononcée. Aussi est-il dangereux d'en conserver des bouquets dans les appartements où l'on couche. La mort a été plus d'une fois la suite d'une telle imprudence.

L'histoire des Lis, que notre cadre nous oblige de limiter aux généralités qui précèdent, remplirait tout un volume, dont l'intérêt ne saurait être contesté. Chaque fois que nous aurons à mentionner quelque espèce, nous ne manquerons pas d'en citer les particularités historiques ou scientifiques. En attendant, nous abordons enfin celle qui fait le sujet de cet article.

Son origine certaine, ainsi que sa patrie, sont inconnues. L'horticulteur distingué qui rédige les articles *Cultures* de ce recueil l'a introduite en Belgique, il y a quelques années déjà, et l'avait reçue d'un horticulteur allemand (M Ferd. Ad. Haage junior, d'Erfurt), qui lui-même croit se rappeler l'avoir reçue avec d'autres Lis venant de Hollande, et appartenant aux Martagons, avec lesquels en effet on pourrait la confondre au premier aspect. Il circula bientôt dans le commerce sous les noms que nous avons cités à la synonymie, et dont l'un au moins, exprimant bien l'un des principaux caractères de la plante (la couleur de ses fleurs), aurait pu être conservé par le savant auteur anglais qui en publia le premier la figure.

Si les renseignements vagues que nous possédons sur l'origine de ce Lis ont quelque fondement, il est à présumer que les Hollandais l'ont reçu du Japon, contrée avec laquelle ils ont, comme l'on sait, beaucoup trafiqué, et qu'ils l'auront confondu par mégarde avec les Martagons, auxquels il ressemble beaucoup, et par le port, et par la forme des fleurs.

Convenablement cultivé, ce Lis peut s'élever à environ deux mètres de hauteur.

La tige en est très glabre, souvent d'un rougeâtre obscur, parsemé de macules vertes très ténues. Quelquefois, dans les plantes vigoureuses, des racines adventives se développent à la base en anneaux rhizomatiques fasciculés. Les feuilles sont spiralées alternes, très rapprochées; les inférieures obscurément 7-5-nervées, presque concolores, linéaires-lancéolées, obtuses ou à peine aiguës, insérées par un renflement engainaire, blanchâtre, et décurrent quelquefois sur la tige en une sorte de côte. Leur nervure médiane forme en dessous une carène aiguë, laquelle, ainsi que les bords membranacés, est presque imperceptiblement frangée-papilleuse. Les supérieures sont beaucoup plus courtes, ovales-elliptiques, subérigées, acuminées et contournées au sommet.

Les fleurs sont nombreuses et forment un thyrse plus ou moins allongé, selon la force des individus. Leur couleur est tout à fait insolite : c'est un nankin clair à reflets carnés. Ces deux teintes se fondent ou deviennent plus foncées ou plus tendres, selon le degré d'intensité de lumière que subissent les plantes, et résultent, soit de leur exposition, soit de la différence de culture. Comme celles des Martagons, dont elles ont, nous l'avons dit, entièrement l'aspect, elles sont nutantes; leurs segments se retroussent et sont parcourus par des veines élevées, dentelées çà et là par de petites lignes roses. En dehors, la nervure médiane forme une carène élevée arrondie. Les trois segments externes sont pourvus au sommet d'une macule verte finement pubescente. Les filaments staminaux sont courts, triangulaires à la base, grêles, blanchâtres et exserts, en raison de la révolution des segments. Les anthères sont oblongues; le pollen jaune-orangé vif. Le style est robuste, beaucoup plus long que les étamines, et subtrigone-arrondi au sommet, verdâtre. L'ovaire n'a rien de particulier.

CH. L.

CULTURE. — Ce Lis , ainsi que la presque-généralité de ses congénères, peut supporter parfaitement nos hivers à l'air libre. Planté un peu profondément (30-40 cent.), il commencera dès le mois d'avril à développer une tige vigoureuse dont les feuilles et surtout les fleurs acquerront une luxuriance, une ampleur, bien supérieures à celles des individus cultivés en pots et rentrés dans l'orangerie.

Il en est de même pour toutes les plantes bulbeuses en général, telles que Tulipes, Hyacinthes, Narcisses, etc. L'enfoncement de leurs bulbes les met en outre à l'abri de la gelée, et les préserve en partie de cette humidité stagnante à la surface du sol, dont la persistance en hiver est fatale à tant de plantes.

La multiplication du *L. testaceum* est facile et ne diffère en rien de celle des autres Lis. Elle a lieu par le semis de ses graines , qu'il donne toutefois assez rarement, et par la séparation des caïeux qu'il émet chaque année. Les graines se sèment en automne sous châssis froid. Le jeune plant peut se repiquer au printemps suivant à l'air libre. Là, on le laissera pour ne le relever qu'après sa première floraison (c'est-à-dire cinq ans après), époque à laquelle on séparera les caïeux que les jeunes individus auraient pu produire.

Les caïeux séparés des mères se traitent absolument comme elles-mêmes et tout aussi rustiquement. (Voir quelques détails de plus au *Lilium Brownii ,* ci-après.)

L. VII.

Eustoma exaltatum. Griseb.

EUSTOME ÉLANCE.

EUSTOMA EXALTATUM.

Éтүм. Εὔστομος (εὖ, στόμα) , qui a une belle bouche : allusion aux taches du centre de la corolle.
On voit qu'il eût été plus correct d'écrire *Eustomon*.

Gentianacées , § Gentianées-Lisianthées. — Pentandrie-Monogynie.

CARACTÈRES GÉNÉRIQUES.

Eustoma. *Calyx* 5-6-partitus, segmentis exalatis subulatis. *Corolla* infundibulari-rotata marcescens, limbo 5-6-partito. *Stamina* 3-6, corollæ fauci inserta; *antheræ* incumbentes rimis dehiscentes demum recurvæ. *Ovarium* valvis paulum introflexis subuniloculare 1-semi-2-loculare, ovulis ad suturam insertis. *Stylus* distinctus deciduus ; *stigmate* bilamellato, lamellis ovali-subrotundis. *Capsula* bivalvis septicida sub-1-locularis v. semi-2-4-locularis, placentis spongiosis. *Semina* funiculis destituta globosa.

Herbæ *annuæ v. perennes Americæ borealis subtropicæ glaucescentes ; floribus paucis speciosis cæruleis.*

GRISCB. DC. *Prod.* IX. 51.

Eustoma G. Don *Gen. syst. of Gard. and Bot.* IV. 175. Urananthus BENTH. *Pl. Harlw.* 48.

CARACTÈRES SPÉCIFIQUES.

E. *foliis* basi cordatis elliptico-oblongis subacuminatis obtusatisve connato-amplexicaulibus ; *corollæ* lobis elliptico-oblongis subacuminatis tubum duplo superantibus ; *capsula* sub-1-loculari. GRIS.

Eustoma exaltatum GRISCB. *l. c. Bot. Reg.* t. 13. 1845.
Gentiana exaltata JUSS. DESCOURT. *Fl. des Ant.* t. 15.
— connata L. WILLD. *Herb.*
Lisianthus exaltatus LAMB. *Ill.* 478.
— glaucifolius JACQ. *Pl. rar.* t. 33.
Erythræa Plumieri KTR. *in* HB. *et* B. *nov. Gen. et Sp. et syn.* 269.
Chlora exaltata GRISEB. *Gent.*
Eustoma silenifolium. G. DON *l. c.*
Urananthus glaucifolius BENTH. *l. c.*

L'habitat de cette plante est extrêmement étendu. On l'a trouvée à la fois dans le nord et sous l'équateur, en Amérique ; dans l'Arkansas, au Mexique, sur les côtes de l'océan Pacifique, à la Vera-Cruz, à Tehuantepec, à Tampico, à Batabano et à la Havane (île de Cuba), à Saint-Domingue (Haïti), etc.

La synonymie spécifique en est également assez compliquée, et il ne serait peut-être pas téméraire de conclure de cette double circonstance qu'il y a là plusieurs plantes différentes confondues sous une même dénomination : question toutefois que nous ne sommes point à portée de juger en ce moment, et qui d'ailleurs n'en est plus une, si l'on peut s'en rapporter entièrement au beau travail de M. Grisebach (*l. c.*), qu'adopte d'ailleurs M. Lindley (*l. c.*), mais non sans émettre le même doute que nous (1).

L'*Eustoma exaltatum*, quoique rare dans les jardins , n'est cependant point une plante nouvelle. On la trouve chez quelques amateurs sous le nom de *Lisianthus glaucifolius* (double dé-

_____

(1) Ainsi cet auteur ajoute positivement, par exemple, que dans les échantillons qu'il a sous les yeux (provenant du Mexique) le style est *beaucoup plus long* que dans la plante qu'il figure et que lui a communiquée un horticulteur anglais.

nomination qui doit être annulée en raison de la priorité acquise à la précédente et au genre nouveau dont la plante dont il s'agit est devenue le type), et le catalogue de Sweet (édit. II) cite 1804 comme date de son introduction en Europe.

Bien qu'elle ne puisse être comparée à sa magnifique congénère l'*Eustoma russelianum* (*Lisianthus russelianus* Hook.) sous le rapport de l'ampleur et du riche coloris de ses fleurs, elle n'en mérite pas moins une place dans toute collection de choix, et non loin de l'espèce que nous venons de citer.

C'est une plante annuelle (ou plutôt bisannuelle dans nos climats, mais monocarpienne), entièrement glabre, à tiges élancées, grêles, cylindriques; à feuilles elliptiques-oblongues, subacuminées ou subobtuses, cordées à la base, connées-amplexicaules; les supérieures semi-amplexicaules); à fleurs subterminales, disposées en panicules pauciflores, subdichotomes et bractéées à chaque bifurcation (*ex figura!*). Calyce ové, assez petit, 5-parti, à segments ovés, linéaires-acuminés, relevés dorsalement d'une forte côte saillante (prolongement quinquangulaire du pédicelle (*ex figura!*). Corolle assez ample, quinquéfide-étalée; lobes elliptiques-oblongs, acuminés au sommet, étalés en roue, d'un riche lilas, à base occupée par une belle tache pourpre-violacée. Tube aussi long que les segments calycinaux, contracté et d'un jaune pâle. Étamines incombantes; anthères... Ovaire oblong. Style court; stigmate bifide, à lobes ovés-subétalés, papilleux-ciliés (*ex figura!*). Capsule subuniloculaire.

Ch. L.

Ex Bot. Reg. l. c. et ex figura ejusd.

Culture. — La culture et la multiplication de cette plante, comme celles de sa congénère, le *Lisianthus russelianus*, appellent tous les soins de l'horticulteur jaloux de jouir de tout l'effet ornemental qu'elle peut produire.

Tout d'abord elle se plaît en serre chaude, ou, à son défaut, dans une bonne serre tempérée, et dans un sol assez riche en humus. Le compost que j'ai recommandé déjà plusieurs fois lui conviendra parfaitement, avec une légère addition d'un puissant engrais tel que le guano; le tout dans des pots soigneusement drainés. Comme elle est annuelle, on en sèmera les graines vers la fin de l'été, afin d'en retarder la floraison, qui n'en sera que plus splendide, vers la fin du printemps suivant. Dans ce but, on en pincera plusieurs fois les tiges pour les faire se ramifier abondamment. L'eau et la chaleur lui seront libéralement dispensées pendant tout le temps de sa végétation, à l'exception de l'époque de la maturation des graines, où l'on devra être sobre d'arrosement pour ne pas les faire avorter.

L. VH.

Aphelandra aurantiaca. Lindl.

APHÉLANDRE A FLEURS ORANGÉES.
APHELANDRA AURANTIACA.

Étym. Ἀφελής, uni, simple; ἀνήρ (homme), étamine.

Acanthacées, § Echmatacanthées (1)-Aphélandrées. — Didynamie-Angiospermie.

CARACTÈRES GÉNÉRIQUES.

Aphelandra R. Bn. — *Calyx* 5-partitus inæqualis *Corolla* hypogyna ringens, labio superiore subfornicato bidentato, inferioris tripartiti laciniis lateralibus mu to minoribus. *Stamina* 4 corollæ tubo inserta inclusa didynama; *antheræ* uniloculares muticæ. *Ovarium* biloculare, loculis biovulatis. *Stylus* simplex; *stigma* bifidum. *Capsula* teretiuscula bilocularis tetrasperma loculicide bivalvis, valvis medio septiferis. *Semina* compressa retinaculis subtensa.

Frutices *Americæ tropicæ*; foliis *oppositis*: sp eis *axillaribus et terminalibus tetragonis*; bracteis *oppositis submembranaceis*; bracteolis *angustis; corollis speciosis rubicundis*.

Aphelandra R. Bn. *Prodr.* 475. *in aot. Bot. Mag*, t. 1578. *Bot. Reg.* t. 1477. Kunth. *in* Humb. et Bonpl. *Nov. gen. et Sp.* II. 236. Hooker *Ic.* t. 113. Synandra Schrad. *in Neuwied Reise* II. 343. Hemitome Nees *Msc.* Justicia cristata Jacq. *Hort. Schœnbr.* t. 820. J. pulcherrima Jacq. *Ic. rar.* t. 204.

Endlich. *Gen. Pl.* 3574.

CARACTÈRES GÉNÉRIQUES.

A. *foliis* oblongis glabris basi undulatis in petiolam brevem decurrentibus; *spicis* simplicibus tetragonis; *bracteis* ovatis acuminatis serratis; *corollæ* laciniis ovatis acutissimis lateralibus duplo brevioribus. Lindl.

Aphelandra aurantiaca Lind. *Bot. Reg.* t. 12. 1845.

Hemiandra (nec *Hesemasandra*, ut scribit ex errore cel. auctor anglicanus) aurantiaca Schidw.

(*Hemiandra* R. Bn. Genus Labiatarum nec Acanthacearum !)

M. Lindley, en décrivant l'arbrisseau dont il est question, déclare qu'il *est le plus beau qu'on ait introduit depuis long-temps dans nos cultures.* Nous venons de l'examiner en fleurs dans une des serres chaudes de l'établissement Van Houtte, et nous convenons volontiers avec l'illustre auteur que le port en est élégant, le feuillage ample et beau, l'inflorescence en épis aussi singulière que brillante : qualités incontestables, qui doivent lui mériter la faveur des amateurs les plus difficiles.

Si nous ne nous trompons, on doit l'introduction de cette plante en Europe à M. Ghiesbreght, qui l'aurait apportée du Mexique dans le Jardin botanique de Bruxelles. Lors de sa première floraison, en 1843, la présence d'une seule loge aux anthères avait engagé un botaniste à faire de cette plante un genre nouveau, auquel le nom d'*Hemiandra* fut imposé (2); nom qui rappelait cette disposition, laquelle toutefois est commune à quelques autres plantes, et en particulier à certains genres d'*Acanthacées*. Mais, indépendamment des affinités que présentait la nouvelle plante avec l'*Aphelandra*, il existait déjà un genre *Hemiandra* dans la famille des Labiées (et mieux Lamiacées Lindl.). Enfin la plante nouvelle avait de telles affinités, avons-nous dit, avec le genre *Aphelandra*, qu'il devenait impossible de l'en séparer : aussi M. Lindley l'y a-t-il réunie en adoptant le nom spécifique qui lui avait été donné par notre honorable collaborateur.

---

(1) Nous ne pouvons comprendre pourquoi Nees a écrit *Echmacantathi?* au masculin. Ch. L.

(2) *Hemisandra* et surtout *Hesemasandra* sont des erreurs de copiste.

L'*A. aurantiaca* a un port dressé; des feuilles amples, glabres, oblongues-lancéolées, obtuses ou à peine aiguës, ondulées et rétrécies à la base en un court pétiole. Les supérieures sont égales en dimension aux inférieures; la couleur verte en est foncée et pâlit un peu en dessous.

Les fleurs, assez grandes, et disposées en épis très denses, tétragones, et formés de grandes bractées vertes, étroitement imbriquées-décussées, dentées en scie, sont d'un jaune orangé vif, lavé ou teinté de vermillon : double nuance que le pinceau est inhabile à rendre; elles sont bila-biées. La lèvre supérieure est formée de deux lobes conjoints, dressés, forniqués et couvrant les étamines et le style; l'inférieure, de trois lobes étalés, ovés-oblongs, dont l'intermédiaire plus grand et défléchi. Les filaments staminaux sont légèrement velus; les anthères oblongues, unilo-culaires, dorsi-médi-fixes; le style est aussi long qu'elles et n'offre aucune particularité.

M. Lindley, tout en déterminant cette plante, exprime le doute qu'elle soit la même que la *Synandra amœna* de Schrader, ou *Aphelandra ignea* de Necs, espèce, dit-il, qu'il ne connaît que par son nom, inséré dans le *Synopsis Plantarum* de Dietrich. Nous devons dire, à ce sujet, que nous ne sommes pas plus heureux que le célèbre botaniste anglais, et que force nous est de ne pas mieux éclairer la question.

Cн. L.

CULTURE. — Comme celle de la plupart des autres arbrisseaux de serre chaude, sa culture ne présente point de difficultés. Il se plaît dans un compost léger, et cependant assez riche en humus; il aime les arrosements pendant la belle saison, et veut se reposer presque complétement pen-dant nos hivers.

Son beau feuillage et ses curieux épis de fleurs à grandes bractées serrées font un très bel effet. Il fleurit très jeune; ce qui est un grand mérite à ajouter à ses qualités.

On le multiplie aisément de boutures faites sur couche chaude et sous cloches; ces boutures, convenablement traitées, et faites en juin ou en juillet, par exemple, ne manqueront pas de fleurir dès l'année suivante.

L. VH.

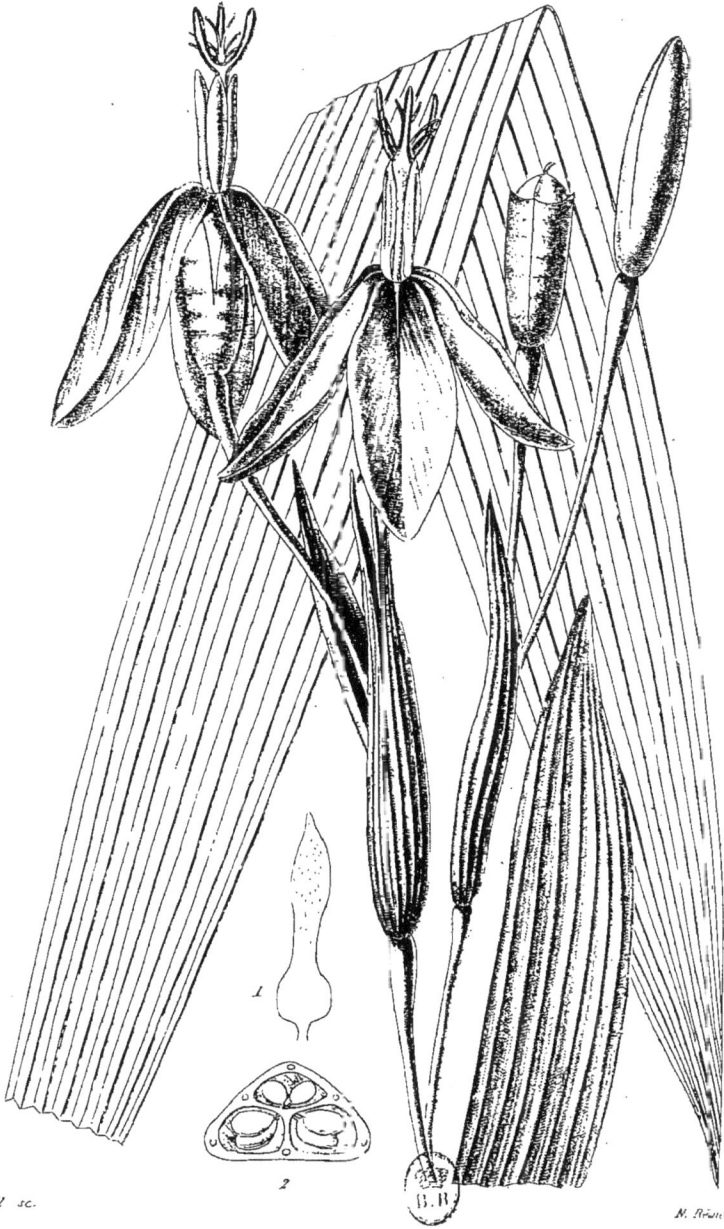

1

2

Rigidella orthantha. ch. z.

RIGIDELLE A FLEURS DRESSÉES.
RIGIDELLA ORTHANTHA.

Éтүм. *Rigidus , a , um*, rigide , raide : allusion , selon l'auteur, à la raideur des pédicelles lors de la maturation des fruits.

Iridacées , § Collétostémones (Nob.). — Monadelphie-Triandrie.

CARACTÈRES GÉNÉRIQUES.

R. *Bulbus* extus tunicatus dein compactus. *Folia* equitantia disticha plicata vaginantia coriacea. *Scapus* foliosus erectus ramosus. *Flores* terminales nutantes seu erecti ex spathis bivalvis. *Perianthium* hexaphyllum coloratum; *segmentis* tribus, *externis* latissimis erecto‑reflexis concavis , *internis* multo minoribus squamiformibus , *gynandro* brevioribus seu lineari‑elongatis et æqualibus. *Stamina* 3 in tubum exsertum connata ; *antheris* linearibus liberis. *Stylus* in tubo liber; *stigmatibus* 3 bipartitis in columnam basi confluentibus. *Ovarium* trigonum ; *ovulis* biseriatis. *Capsula* papyracea apice circumscissa dein apice conica mucronata, costis sulcatis. *Semina* irregularia... *rhaphe chalaza*que conspicuis.

Rigidella Lindl. *Bot. Reg.* t. 16, et *Misc.* 64. 1840.

— W. Herb. *Bot. Reg.* t. 68, et *Misc.* 143. 1841. Charact. jam revis. (et Nob. characteribus denuo hic revisis.)

CARACTÈRES SPÉCIFIQUES.

R. Planta elata robustissima ; *foliis* amplissimis profunde plicatis ; *floribus* magnis erectis nocturnis ; *segmentis* internis gynandro æqualibus seu paulo superantibus ; *scapo* multifloro ramoso.

R. orthantha Nob. (*Hort. Vanh.* p. 5.) Cn. L.

La plante dont il est question vient ajouter une troisième espèce à un genre qui avait, dès sa formation , toute récente (1840), attiré l'attention des botanistes et des amateurs de fleurs. Elle peut en être considérée comme la plus remarquable par la luxuriance de toutes ses parties. Son examen nous a obligé de refaire en partie la caractéristique générique qu'avait établie M. Lindley d'après la première espèce connue ; caractéristique déjà revue partiellement par le Revér. W. Herbert , qui , en décrivant une seconde espèce, regarda avec raison comme pétales les trois squames internes qui accompagnent le gynandre (1) à sa base. Ces squames toutefois paraissent, sinon manquer complètement dans la *R. flammea*, comme le disent les deux auteurs cités , y être du moins réduits à l'état rudimentaire , tandis qu'ils sont très apparents dans la *R. immaculata*, et beaucoup plus développés encore dans celle que nous faisons connaître. Un autre caractère qui distingue éminemment notre plante est d'avoir ses fleurs constamment dressées , tandis que dans les autres espèces les pédicelles , toujours nutants , ne se redressent qu'à la maturation du fruit.

Elle est originaire du Mexique, d'où elle a été introduite en Belgique par M. Ghiesbreght , voyageur‑naturaliste , aux soins duquel nos jardins sont redevables d'une foule de plantes intéressantes.

---

(1) Quelque riche que soit le Vocabulaire botanique , qui s'augmente chaque jour, il manquait un terme pour désigner le double appareil sexuel réuni. *Androphore , gynophore ,* n'expriment que la moitié du mot; nous hasarderons celui de *gynandre ,* que nous avons déjà indiqué ailleurs , et qui correspond au *gynostème* des Orchidées , lequel eût peut‑être également été impropre ici.

Nous ne savons si dans son pays natal elle atteint ou dépasse un à deux mètres de hauteur, comme le fait la *R. flamrea*, selon M. Lindley; mais en domesticité, chez nous enfin, elle paraît bien plus vigoureuse que ses deux congénères ; sa tige est beaucoup plus robuste ; ses feuilles sont bien plus amples et plus fermes; ses fleurs surtout sont beaucoup plus grandes et d'un coloris bien plus vif. Nous ne saurions dire à quelle heure de la nuit elles s'ouvrent ; mais dès cinq heures du matin, pendant le mois de juin, qu'elles se sont montrées pour la première fois (probablement) en Europe, dans le jardin Van Houtte, elles étaient déjà complètement épanouies et ne se refermaient qu'après midi.

Ses feuilles rappellent tout à fait, par leurs dimensions, leurs plis nombreux et très marqués, leur rigidité, celles de certains jeunes palmiers. Elles sont ovales-lancéolées, allongées, aiguës, étroitement engaînantes à la base. Le scape est cylindrique, feuillé, légèrement renflé aux insertions foliaires, et se divise en deux ou trois rameaux, dont chacun porte quatre à six fleurs, sortant d'une spathe bivalve, herbacée.

Fleurs très grandes (7-8 centimètres de longueur, 3 et plus de diamètre à la réflexion des segments). Les trois segments externes sont d'un minium carminé brillant en dessus, strié plus ou moins de petites lignes pourpres, qui en dessous sont plus apparentes sur un fond rouge-orangé vif. Leurs larges onglets d'abord dressés, et enveloppant la base du double appareil sexuel, se contractent tout à coup et se replient brusquement en dehors en un large limbe pendant, ové-acuminé. Les trois internes, dilatés à la base, se resserrent tout à coup comme les premiers, et s'allongent en une lame linéaire pétaloïde, qui atteint ou dépasse quelquefois le sommet du gynandre. Jaunes dans la partie basilaire, ils sont blanchâtres au milieu, et orangés, ponctués de pourpre, vers le sommet. Les étamines ne présentent point de différence avec celles des espèces citées ; et le style, libre dans le tube qu'elles forment par leur soudure intime, a ses stigmates plus profondément bipartis, à lobes presque filiformes. La capsule est trigone, atténuée vers la base, circonscrite au sommet, où elle devient, en dedans de l'anneau, conique, tricostée; chaque côte finement unisillonnée et se réunissant au sommet central, pourvu d'un petit mucron.

Les graines, commençant à entrer en maturité au moment où nous écrivons, n'ont pu être soumises à notre examen; nous en reparlerons plus tard.

Cu. L.

CULTURE. — La culture des plantes bulbeuses (ou mieux bulborhizes) ne présente aucune difficulté. D'où vient donc qu'elle est si négligée ou plutôt si mal comprise? La faute, certes, n'en est pas aux plantes ! Elle doit être attribuée à l'impéritie des horticulteurs.

Les *Tigridia*, les *Ismene*, les *Ferraria*, les *Hydrotænia*, les *Phalocallis*, les *Rigidella*, etc., sont des plantes du plus haut intérêt sous le rapport botanique et ornemental. A ce double titre, elles doivent être l'objet de recherches constantes dans le but d'en améliorer la culture. Voici jusqu'à présent les moyens qui m'ont réussi.

Tout d'abord, je les cultive en pots, on en verra tout à l'heure le motif. Ces pots doivent être beaucoup plus profonds que larges, en raison de l'allongement extrême et pivotant du rhizome de la plupart d'entre elles, chez qui il a souvent la forme d'un petit Panais. Le fond des pots doit être parfaitement drainé (1), bien garnis de tessons de pots ou de fragments de briques pour faciliter l'écoulement des eaux d'arrosement); le sol, un compost bien meuble et assez riche en humus.

(1) *Drained, drainage*; ces mots anglais ont été francisés avec raison par mon collaborateur M. Ch. Lemaire. Ils sont significatifs et évitent l'emploi d'une longue périphrase.

En hiver, ces bulbes, qu'il faut toujours laisser en pots, sont placées sur une tablette bien sèche de la serre froide, où on les laisse sans eau jusqu'au printemps; époque à laquelle on leur donne une terre neuve. Bientôt elles manifestent dans cet état des signes de végétation ; on les place alors en serre chaude, et on commence à leur donner de l'eau, dont on augmente la quantité au fur et à mesure que se développent leurs tiges. A la fin de mai, on peut les mettre en place, à l'air libre, dans le parterre, mais en les laissant, comme je l'ai recommandé, toujours dans leurs pots.

De cette manière on obtiendra de ces plantes une brillante floraison. Vers le commencement de l'automne, on relèvera les pots pour les placer dans l'orangerie ou la serre froide, près des jours, dans un endroit où l'air et la lumière puissent circuler librement. Là elles achèveront de mûrir leurs graines, ou au moins leurs bulbes, dont on séparera les jeunes au printemps, lors du rempotement.

L. VH.

LIS DE BROWN.

LILIUM BROWNII.

Étym. Voyez ci-dessus, p. 62.

Liliacées, § Tulipacées. — Hexandrie-Monogynie.

CARACTÈRES GÉNÉRIQUES.

Vide supra (*Lilium testaceum*, p. 62).

CARACTÈRES SPÉCIFIQUES.

L. *foliis* lanceolato-linearibus elongatis, supremis conformibus verticillatis ; *flore* discolore infundibulari-campanulato horizontali maximo, nervo mediano segmentorum interior. margines exterior. apprehendente ; *filamentis* basi applanatis puberulisque albis ; *antheris* oblongis basi fixis ; *stylo* longiore viridi.

Lilium Brownii Hortul.

Lilium japonicum Hort. Angl. nec Thunb. — *Bot. Mag.* t. 1591. — Lodd. *Bot. Cab.* 438. — *Herb. génér. de l'Amat.* 1re sér. t. 375. — *Bot. Repos.* t. 538.

L'origine et la dénomination spécifique de ce Lis sont contestées. Les uns veulent y voir l'ancien *L. japonicum* Thunb. ; les autres un Lis nouveau, ou plutôt différent. Nous adoptons volontiers cette dernière manière de voir, et nous tâcherons que nos lecteurs soient amenés, en nous lisant, à embrasser notre opinion.

Le *Lilium japonicum* Thunb. (*verum* !) a été introduit pour la première fois en Europe (Angleterre !) en 1804, importé alors de la Chine par les directeurs de la compagnie des Indes. Dès son apparition, il conquit, par l'ampleur de ses fleurs et *leur odeur agréable*, les suffrages du rare public horticole d'alors. Depuis cette époque, il semble avoir presque entièrement disparu de nos cultures; du moins ceux qui affirment le posséder encore n'en montrent guère que des individus chétifs et clairsemés.

Celui dont il est question, et que nous pensons être spécifiquement dissemblable du précédent, a été mis dernièrement dans le commerce par un fleuriste anglais nommé Brown, nom *qu'en France* on aurait, dit-on, appliqué par reconnaissance au Lis *nouveau*. N'ayant point eu l'occasion de voir en fleurs le *L. japonicum*, nous ne pouvons nous prononcer *de scientia* et *de visu* au sujet des différences spécifiques que peuvent présenter les deux plantes comparées; mais si nous nous en rapportons, et rien ne nous semble devoir les faire taxer d'erreur, aux descriptions et aux figures données par nos devanciers, descriptions que nous reproduisons ici, en laissant à nos lecteurs la tâche facile des commentaires, nous pouvons avancer, non sans quelque certitude, que le *L. Brownii* n'a rien de commun avec le *L. japonicum* (*verum*).

Au reste, pour mettre nos lecteurs à même de juger eux-mêmes la question, voici tout d'abord la description de Thunberg, auteur qui le premier fit connaître l'espèce dont il fut le parrain :

« L. japonicum Thunb. *Fl. Jap.* p. 133 (edit. 1784). — *Foliis* sparsis lanceolatis, corollis cernuis subcampanulatis..... *Caulis* teres simplex lævis glaber bipedalis ; *folia* alterna petiolata lanceolata acuminata integerrima marginata glabra sesquipalmaria subtus pallidiora trinervia et quinquaenervia. *Flores* terminales reflexo-cernui. *Corolla* campanulata albida palmaris.

» Affinis *L. albo* ; differt vero :

» a. *Foliis* paucis in caulem remotis longiss mis petiolatis nervosis.

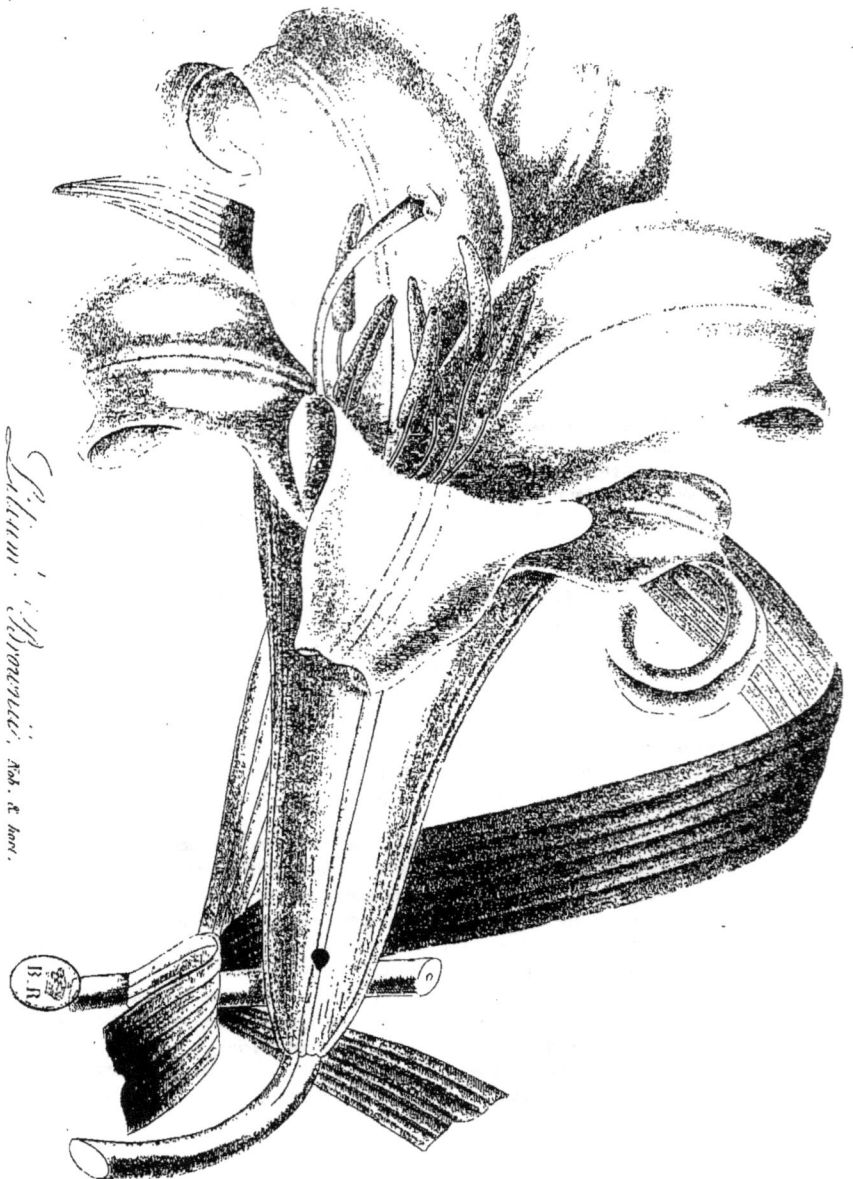

Lilium thomsonii. Roib. et hort.

ET B..... inv.

74

» b. *Caule* debiliore unifloro. »

Trente ans après, Gawler écrivait dans le *Botanical Magazine* (1813, t. 1591), en donnant de notre Lis une très bonne figure :

« L. japonicum. *Caule* unifloro tereti glabro ; *foliis* caulinis sparsis distantibus divaricatis passim per paria proximioribus ligulato-lanceolatis 8-5-nerviis glabris deorsum attenuatis, floralibus paucis uno ordine verticillatis, pedunculo terminali crasso tereti recurvo aliquoties longioribus. *Corolla* ampla cernuo-nutante cucullato-campanulata recurvo-potente, laciniis latimis latioribus, lamina rotundata ; *staminibus* corolla una quarta circiter brevioribus ; *stylo* hæcce parum excedente ; *stigmate* clavato capitato tricolli. »

M. Poiret, botaniste, à qui l'on doit plusieurs volumes de l'*Encyclopédie Méthodique* (partie botanique), et le plus grand nombre des articles de botanique du *Dictionnaire des Sciences naturelles*, etc., décrit ainsi le même Lis dans ce dernier ouvrage (t. 27, p. 21) :

« Lis du Japon, *Lilium japonicum* THUNB., *Flor. Jap.* 133. WILLD. *Spec.* 2, p. 85. LOIS. *Herb. de l'Amat.* (anc. sér.), n. et t. 375. — Sa tige est cylindrique, lisse, de la grosseur du petit doigt, haute dans toute sa longueur de feuilles lancéolées-linéaires, glabres, d'un beau vert. Dans les individus que nous avons eu occasion d'observer, nous n'avons trouvé qu'une seule fleur terminale ; mais il serait possible que, lorsque les bulbes auront pris plus de force, chaque tige portât plusieurs fleurs. Quoi qu'il en soit, la fleur de cette espèce est plus grande que celle d'aucun autre Lis qui soit à notre connaissance : elle a cinq à six pouces de longueur, et, lorsqu'elle est ouverte, elle présente à peu près autant de largeur. Sa corolle est tubulée et presque triangulaire à sa base, ensuite évasée et campanulée, composée de six pétales d'un blanc terne à l'intérieur, et un peu rougeâtre extérieurement. Les étamines ont leurs filaments tubulés, plus courts que la corolle, terminés par des anthères ovales arrondies, d'un jaune foncé et presque brun. Ce beau Lis est, comme son nom spécifique l'indique, originaire du Japon. Nous le devons aux Anglais, qui l'ont fait venir de ce pays il y a dix-huit ans, et il n'y a que trois ans qu'il se trouve dans les jardins de Paris. Il y a fleuri pour la première fois en juillet 1821, chez M. Boursault et chez M. Cels. Comme il est encore très rare, on ne l'a point hasardé en pleine terre ; on le plante en pot, dans du terreau de bruyères, et on le rentre dans l'orangerie pendant l'hiver. »

Nous pourrions citer encore quelques autres descriptions, mais elles sont moins complètes et de nulle importance ici. Ces divers renseignements pourront suffisamment éclaircir la question. Quoi qu'il en soit, nous espérons voir fleurir l'an prochain le *L. japonicum*, dit *verum*, et nous en soumettrons alors la description et la figure à nos lecteurs. En attendant, nous nous occuperons ici de l'*espèce* en litige.

Nous sommes heureux d'offrir ci-contre à nos lecteurs une figure du *L. Brownii* aussi exacte que belle, et faite avec soin sous nos yeux. On remarquera tout d'abord la différence de forme que présentent les fleurs d'icelle avec les fleurs de la première ; leur couleur dissemblable, les anthères oblongues-lancéolées et non ovales-arrondies, etc. Enfin les fleurs de notre plante sont presque complètement inodores, tandis que plusieurs auteurs signalent l'agréable parfum qu'exhalent celles du *L. japonicum*. Voici une description sommaire du *L. Brownii*.

L. Brownii NOB. et HORT.

Caule elato subbifloro glaberrimo viridi lineis tenuissimis atropurpureis sparso.

Foliis lanceolato-linearibus elongatis supra subcanaliculatis 7-veniis (venis infra supraque tenuiter prominentibus, mediana carinato-acuta) intense viridibus subtus pallescentibus recurvado-dependentibus flexilibus basi subtus triangularibus supra macula purpurea *in axilla* notatis alternis, floralibus verticillatis æqualibus caulinum et conformibus.

Flore uno (duobusve?) terminali horizontaliter cernuo amplissimo extus atro-purpureo (segmentis externis) sub dio ; *tubi* basi cylindrico dein infundibuliformi ad faucem campanulato ; *segmentis* latissimis ovali-lanceolatis reticulato-venosis revolutis et tunc late canaliculatis, exterioribus paulo angustioribus cum interioribus alternantibus; omnibus de medio versus basim subconnatis, scilicet marginibus exteriorum sub nervo interiorum mediano latissimo robustissimoque hic arctissime apprehensis et opertis unguiculatis (intus unguicula dense sericeo-papillosa, latiore apud exteriora quam interiora, linea canaliculata mellifera viridi transversa).

Filamenta alba cum segmentis perianthianis de basi ultra ad medium inserta applanata tenuissime basi puberula versus apicem cylindracea attenuata ; *antheris* oblongis *basi* (nec medio ut *L. japonico!*) *fixis* brunneis, polline atro-aurantiaco. *Stylo* declinato longiore virescenti ad apicem subtriangulari-inflato trisulcato , sulcis ex ovario continuis ; *stigmate* trigono, lobis rotundatis tenuiter papillosis.

Ovario oblongo-elongato cylindraceo tricostato, costis unisulcatis, ovulis biseriatis.

Odore vix perspicuo obsolete nauseabundo.

Cн. L.

CULTURE. — Comme celle du *Lilium testaceum*, dont j'ai parlé plus haut, la culture du *Lilium Brownii* est extrèmement simple. Il supporte parfaitement , d'après mon expérience , nos hivers à l'air libre et sans aucune couverture.

Je recommande de nouveau de cultiver en général les plantes bulbeuses, et principalement les Lis, dans une terre composée et riche en humus plutôt qu'en terre de bruyères pure. Les arrosements seront abondants pendant la croissance et diminueront un peu pendant la floraison , pour cesser presque tout à fait lors de la maturation des graines (quand on a le bonheur d'en obtenir), dont l'humidité à cette époque empêcherait la formation.

L. VH.

FLORE

DES

SERRES ET JARDINS DE L'EUROPE,

OU

DESCRIPTIONS ET FIGURES DES PLANTES LES PLUS RARES ET LES PLUS MÉRITANTES

NOUVELLEMENT INTRODUITES SUR LE CONTINENT OU EN ANGLETERRE,

ET EXTRAITES NOTAMMENT

DES BOTANICAL MAGAZINE, BOTANICAL REGISTER, PAXTON'S MAGAZINE OF BOTANY, ETC., ETC.;

ÉDITION FRANÇAISE

ENRICHIE DE

Notices historiques, scientifiques, étymologiques,
synonymiques, horticulturales, etc.,

Et rédigé par MM.

CH. LEMAIRE, SCHEIDWEILLER

ET

VAN HOUTTE.

Hic ver æternum!

Arboribus sua forma redit, sua gratia campis,
Ornatuque solum versicolore nitet.
SAUT.

TOME I. — 2ᵉ LIVRAISON.

LIBRAIRIE HORTICOLE DE H. COUSIN,
RUE JACOB, 21, A PARIS.

1845

PLANTES FIGURÉES DANS CETTE LIVRAISON

AVEC L'INDICATION DES

HORTICULTEURS PARISIENS QUI LES POSSÈDENT

ET CHEZ LESQUELS ON PEUT SE LES PROCURER.

℣. Nota. La 3ᵉ livraison contiendra les plantes suivantes : *Jochroma tubulosum,* — *Chirita sinensis,* — *Pentastemon crassifolius,* — *Phædranassa chloracra,* — *Lycium fuchsioides,* — *Alona cœlestis,* — *Dipladenia atropurpurea.* MM. les horticulteurs qui possèdent quelques unes de ces plantes sont priés d'envoyer à l'éditeur franco la liste nominative avant le 31 août.

FLORE

DES

SERRES ET JARDINS DE L'EUROPE,

OU

¡ DESCRIPTIONS ET FIGURES DES PLANTES LES PLUS RARES ET LES PLUS MÉRITANTES

NOUVELLEMENT INTRODUITES SUR LE CONTINENT OU EN ANGLETERRE,

ET EXTRAITES NOTAMMENT

DES BOTANICAL MAGAZINE, BOTANICAL REGISTER, PAXTON'S MAGAZINE OF BOTANY, ETC., ETC.;

ÉDITION FRANÇAISE

ENRICHIE DE

Notices historiques, scientifiques, étymologiques,
synonymiques, horticulturales, etc.,

Et rédigé par MM.

CH. LEMAIRE, SCHEIDWEILLER

ET

VAN HOUTTE.

Hic ver æternum !

Arboribus sua forma redit, sua gratia campis,
Ornatuque solum versicolore nitet.
SAVT.

TOME I. — 5ᵉ LIVRAISON.

LIBRAIRIE HORTICOLE DE H. COUSIN,

RUE JACOB, 24, A PARIS.

1845

PLANTES FIGURÉES DANS CETTE LIVRAISON

AVEC L'INDICATION DES

HORTICULTEURS PARISIENS QUI LES POSSÈDENT

ET CHEZ LESQUELS ON PEUT SE LES PROCURER.

NOTA. La 4ᵉ livraison contiendra les plantes suivantes : *Dipladenia splendens*, *Whitfieldia lateritia*, *Cestrum aurantiacum*, *Lobellia heterophylla*, *Salpingantha coccinea*, *Bouvardia flava*. MM. les horticulteurs qui possèdent quelques unes de ces plantes sont priés d'envoyer à l'éditeur franco la liste nominative avant le 31 août.

FLORE

DES

SERRES ET JARDINS DE L'EUROPE,

OU

DESCRIPTIONS ET FIGURES DES PLANTES LES PLUS RARES ET LES PLUS MÉRITANTES

NOUVELLEMENT INTRODUITES SUR LE CONTINENT OU EN ANGLETERRE,

ET EXTRAITES NOTAMMENT

DES BOTANICAL MAGAZINE, BOTANICAL REGISTER, PAXTON'S MAGAZINE OF BOTANY, ETC., ETC.;

ÉDITION FRANÇAISE

ENRICHIE DE

Notices historiques, scientifiques, étymologiques, synonymiques, horticulturales, etc.,

Et rédigée par MM.

CH. LEMAIRE, SCHEIDWEILER

ET

VAN HOUTTE.

Hic ver æternum!

Arboribus sua forma redit, sua gratia campis,
Ornatuque solum versicolore nitet.
SAUT.

TOME I. — 4ᵉ LIVRAISON.

LIBRAIRIE HORTICOLE DE H. COUSIN,
RUE JACOB, 21, A PARIS.

1845

PLANTES FIGURÉES DANS CETTE LIVRAISON

AVEC L'INDICATION DES

HORTICULTEURS PARISIENS QUI LES POSSÈDENT

ET CHEZ LESQUELS ON PEUT SE LES PROCURER.

FLORE

DES

SERRES ET JARDINS DE L'EUROPE,

OU

DESCRIPTIONS ET FIGURES DES PLANTES LES PLUS RARES ET LES PLUS MÉRITANTES

NOUVELLEMENT INTRODUITES SUR LE CONTINENT OU EN ANGLETERRE,

ET EXTRAITES NOTAMMENT

DES BOTANICAL MAGAZINE, BOTANICAL REGISTER, PAXTON'S MAGÁZINE OF BOTANY, ETC., ETC.;

ÉDITION FRANÇAISE

ENRICHIE DE

Notices historiques, scientifiques, étymologiques,
synonymiques, horticulturales, etc.,

Et rédigée par MM.

CH. LEMAIRE, SCHEIDWEILLER

ET

VAN HOUTTE.

Hic ver æternum !
———
Arboribus sua forma redit, sua gratia campis,
Ornatuque solum versicolore nitet.
SALT.

TOME I. — 5ᵉ LIVRAISON.

LIBRAIRIE HORTICOLE DE H. COUSIN,

RUE JACOB, 24, A PARIS.

1846

PLANTES FIGURÉES DANS CETTE LIVRAISON

AVEC L'INDICATION DES

HORTICULTEURS PARISIENS QUI LES POSSÈDENT

ET CHEZ LESQUELS ON PEUT SE LES PROCURER.

AVIS DE L'ÉDITEUR.

En indiquant les Horticulteurs qui nous ont fait savoir qu'ils possèdent les plantes que nous publions dans notre Flore, nous ne faisons que satisfaire à la demande qui nous en a été faite par nos Souscripteurs. Une autre considération non moins décisive nous y a déterminés; c'est notre vif désir de favoriser, autant qu'il dépend de nous, les Horticulteurs français qui font venir à grands frais les plantes méritantes nouvellement introduites en Europe, et qui les multiplient avec une si grande habileté pour les livrer à des prix modiques aux amateurs.

Cette mesure étant générale, nous protestons d'avance contre tout reproche de partialité qui pourrait, comme cela vient de nous arriver, nous être adressé par des Horticulteurs qui, croyant avoir à se plaindre de n'avoir pas été mentionnés dans cette notice où il ne tenait qu'à eux de se faire inscrire, ont refusé de nous indiquer les plantes qu'ils possèdent. Notre annonce est gratuite, et nous n'entendons nullement engager la reconnaissance des Horticulteurs qui nous ont approuvés en répondant à notre appel.